◎袁施彬　主编

黑凤鸡
高效养殖技术

U0349392

中国农业科学技术出版社

图书在版编目（CIP）数据

黑凤鸡高效养殖技术／袁施彬主编 . —北京：
中国农业科学技术出版社，2014. 11
ISBN 978 - 7 - 5116 - 1761 - 3

Ⅰ.①黑…　Ⅱ.①袁…　Ⅲ.①鸡 - 饲养管理
Ⅳ.①S831. 4

中国版本图书馆 CIP 数据核字（2014）第 160188 号

责任编辑	张国锋
责任校对	贾晓红

出 版 者	中国农业科学技术出版社
	北京市中关村南大街 12 号　邮编：100081
电　　话	（010）82106636（编辑室）　　（010）82109702（发行部）
	（010）82109709（读者服务部）
传　　真	（010）82106631
网　　址	http://www.castp.cn
经 销 者	各地新华书店
印 刷 者	北京富泰印刷有限责任公司
开　　本	850mm ×1 168mm　1/32
印　　张	8
字　　数	228 千字
版　　次	2014 年 11 月第 1 版　2014 年 11 月第 1 次印刷
定　　价	26. 00 元

《黑凤鸡高效养殖技术》

编写人员名单

主　　　编　袁施彬

副　主　编　周材权　张泽钧

其他参编人员　曹　弦　李有绪

　　　　　　　赵金刚　廖婷婷

　　　　　　　王　乐　刘　明

前　言

随着人类社会的进步，人们生活质量不断提高，但随着膳食中动物性食品比例的增加，人群中心脑血管疾病、肥胖病、癌症等患发比例也随之增加。追求绿色、天然且具保健功效的均衡营养膳食是当今社会发展的趋势。

中国黑凤鸡是高度纯化的黑丝毛乌鸡，该鸡具有黑丝毛、黑皮、黑肉、黑骨、黑舌以及丛冠、缨头、绿耳、胡须、五爪十大特点，符合"十全明代乌鸡"特征。中国黑凤鸡含有人体需要的多种氨基酸、维生素和微量元素硒、铁等矿物质，还含大量具极高滋补保健价值的黑色素，有美容、抗衰老、抗癌等独特功效，自古流传其药用效果"滋补胜甲鱼，养伤赛白鸽，美容如珍珠"。

20世纪80年代以来，我国的特禽养殖业得到了快速发展，中国黑凤鸡由于其适应性广、抗逆性强、肉蛋产品优势等，在我国特禽养殖中占据了重要地位。规模养殖是现代畜牧业发展的必然趋势，一家一户的小规模养殖很难满足市场需求，而且风险大。为了满足规模化养殖中国黑凤鸡的需要，本书综合相关的养殖实践经验和理论知识，分十章分别阐述中国黑凤鸡的生物学特征、场址选择、营养需要、饲料、繁育技术、饲养管理、疾病预防、屠宰和产品加工利用，该书内容全面，可作为行业技能培训的主要参考资料，也是中国黑凤鸡养殖专业户首选的参考书籍。本书的编著得到了四川省教育厅自然科学重点项目（11ZA032）和四川省青年科技基金项目（2011JQ0056）的支持，特此表示感谢。本书在编写过程中，引用了一些专家、学者的研究成果及相关的书刊资料，在此一并表示谢意。

由于编写时间仓促，编者水平有限，书中难免存在疏漏与不妥之处，敬请广大读者批评指正。

编　者

2014 年 6 月

目　　录

第一章　黑凤鸡养殖概述

在20世纪80年代后期，世界科学家发现天然黑色食品对人类健康具有独有而宝贵的滋补保健药用价值。日本、东南亚国家投入研究开发培育被誉为"中国黑宝"、"黑色食品之宝"的黑丝毛乌鸡，养殖步入萌芽阶段。但由于当时仅限于科研，数量极少且遗传性能不稳定，因此未能形成规模和推广。1993年，广东省率先从国外引进原产于中国的黑丝毛乌鸡，经广东省英德市龙头影狮子山特种动物场三年多代纯种繁育扩群，选优去劣，组建核心群，使种性不纯的黑丝毛乌鸡基本纯化，后代合格率已从60%提高到90%以上，并已组建40个家系（零世代），建立了乌鸡繁育体系，培育优良品质的家系群，年产蛋量从原来的10枚提高到140～160枚。专家们一致同意将纯化提高育成的黑丝毛乌鸡正式命名为中国黑凤鸡。该场现拥有种鸡3 000多只，是我国当前规模最大、种性最纯的中国黑凤鸡原种繁育基地。近年来，全国各地纷纷前往该场引种养殖，使我国黑凤鸡产业进入起步阶段。有专家指出："黑丝毛、黑舌乌鸡的纯化培育成功是一个奇迹，它是我国特产鸡中宝贵的遗传基因库，应高度重视培育扩群和开发推广，并应以高科技发展深加工，使这一无价之宝炫射出灿烂的光辉。"

第一节　黑凤鸡生物学特性

黑凤鸡作为珍禽的一种，尚存一定的野性，除具有家鸡的一切特性外，还具有其独特的特性。

一、黑凤鸡的形态特征

黑凤鸡，身披丝毛型黑羽，性情温顺，活泼可爱，头戴凤冠，举止雍雅。专家认定，新育成的黑凤鸡具有黑羽、黑皮、黑肉、黑骨、黑舌和丛冠、缨头、绿耳、胡须、五爪十大特点，正是真正的"十全明代乌鸡"。更为奇特的是黑凤鸡的眼睛、血液、内脏、脂肪也近黑色。

1. 黑丝毛

全身披着黑色的绒丝状细毛，只有主翼羽和尾部的基部有少量扁毛。

2. 乌皮

全身皮肤均为黑色或乌黑色。

3. 乌肉

全身肌肉、内脏及腹内脂肪均呈乌黑色，胸部和腿部肌肉呈浅乌色，而内脏黏膜上沉积很多的黑色素颗粒。

4. 乌骨

骨膜漆黑，骨质暗乌。

5. 丛冠

母鸡冠呈紫黑色的玫瑰冠，如桑椹状；公鸡冠大，冠齿丛生如火焰。

6. 缨头

头顶长有一丛丝毛，形成毛冠，母鸡尤为发达，形如"白绒毛"，故又称为"凤头"。有大凤头、小凤头两种类型。

7. 绿耳

雏鸡耳叶呈孔雀绿或湖蓝色，成鸡色泽变浅。

8. 胡须

下颌连两侧有较长细毛，公鸡胡须不发达，母鸡也有胡须发达和不发达两种类型。

9. 毛腿

腿上长有小绒毛，由跖部至脚趾基部。

10. 五爪

在后趾基部多生一趾，共五趾。

二、黑凤鸡的生活习性和生活方式

1. 性情温和，喜欢群居，不善争斗

中国黑凤鸡不善争斗，种鸡每群可饲养 100 ～ 200 只，中鸡每群可饲养 300 ～ 500 只。每幢鸡舍可隔成 2 ～ 3 个棚舍。

2. 不善高飞，不会啄蛋

种鸡舍内可用砖围成长方形，放上细沙作为产蛋池。可进行放养、圈养或笼养。在农村或果园、山坡地，可将脱温后的中鸡放养食草。

3. 适应性广，抗逆性强

中国黑凤鸡具有很强的适应能力，较强的抗寒和耐热机能，在我国或世界各地能养家鸡的地方均能正常生长。南方冬季寒冷天气下，种鸡能正常产蛋，鸡苗生长良好。育雏温度要比家鸡低，夏季 20 天可脱温，冬季寒冷天气保温至 30 ～ 40 日龄。可进行放养、圈养或笼养。在农村或果园、山坡地，可将脱温后的中鸡放养食草。

三、黑凤鸡的生产性能

黑凤鸡的抗病力强，飞翔力弱，不会赖孵。在抗逆性、产蛋量、孵化率、成活率和生长速度等方面都优于白凤鸡。

根据数据测定和统计，黑凤鸡生产性能如下：成年公鸡体重 1.25 ～ 1.50 千克，成年母鸡 0.9 ～ 1.18 千克；种鸡 6 月龄开产；种鸡群公母比例为 1：（10 ～ 15）；产蛋周期约 50 天；产蛋时长 40 ～ 43 天。抱巢母鸡喂给"醒抱剂"后 2 ～ 3 天醒抱，第 7 ～ 8 天可复产；按每个产蛋周期计，平均日产蛋率 40% ～ 45%；每只母鸡年产蛋140~160枚。种蛋蛋壳为棕褐色，少量为白色，平均蛋重约40克，种蛋横径约3.6厘米，纵径约5厘米，种蛋受精率、受精蛋孵化率均可达90%；初生鸡平均蛋重28克/枚；1月龄正常情况下，育雏成活率达95%。

对其生长速度和耗料初步测定表明，1月龄体重为138克/只，2月龄约398克/只，3月龄680克/只，4月龄为900~1 000克/只。出壳至3月龄上市肉料比为1：3.2，出壳至4月龄上市肉料比为1：4.2。如采用商品肉鸡生产，喂给高能量高蛋白饲料，实行笼养或集约化棚养，限制运动量，可提早上市，降低耗料量，提高饲料报酬。

四、经济学特性

中国黑凤鸡娇小玲珑、体态清秀、外貌奇特美丽，现已被命名为"世界观赏鸡"，名扬全球，是集药用、蛋用和观赏于一体的药用乌鸡珍品。营养专家称它是带翅膀的甲鱼，美食专家称它是身上会动的人参。曾荣获第八届中国新技术、新产品博览会金奖。

正宗黑凤鸡以清香胶润为特色，烧熟后像甲鱼一样胶着，肉质十分细嫩，其味鲜美无比。是高蛋白低脂肪低胆固醇的高级补品，黑凤鸡鸡肉含有丰富的人体必需的各种营养素。全身骨骼、内脏都富含黑色素，胆固醇含量低，游离氨基酸含量高。经测定，黑凤鸡含有人体所必需的17种氨基酸，尤其是缬氨酸、赖氨酸含量更高，有丰富的黑色素。此外，它还富含"补血素"铁、"生命火花"锌、"心血管维护者"铜、"抗癌卫士"硒等多种微量元素，能增强人体的血细胞中的血红素，调节生理机能和增强免疫力。并具有退热补虚，调经止带、养气补血等功效，可主治一切虚劳亏损，是四季皆宜的补肾极品、妇科良药和内服美容品。曾在我国民间流传"清补胜甲鱼，养伤赛白鸽，养颜如珍珠"之美誉。

第二节　黑凤鸡的养殖优势

中国黑凤鸡适应性强，成活率高，生长速度快，肉鸡从出壳到上市（体重0.6~0.75千克）只需3个月。蛋鸡产蛋量高且抱窝能力强，可全年产蛋，年产蛋160枚。因喜食青草、青菜，比家鸡节粮一半，利润高一倍。黑凤鸡饲养与家鸡一样，散养、圈养皆宜，既适合家庭养殖，也适合规模化养殖。

中国加入世贸组织后，面临着极好的发展机遇。据《中国特产报》《中国畜牧报》《农业科技报》等报道，黑凤鸡符合当今世界崇尚黑色食品的潮流，市场销价高出家鸡。在相关的报道，如"养殖业路在何方？""哪些珍禽适合大规模饲养？""特禽发展方向""黑凤鸡养殖正当时"等文章都把发展黑凤鸡养殖摆在首要位置。这些报道指出："目前，无论城乡，中国黑凤鸡都十分畅销，市场需求量大，是致富不可多得的好品种。"据介绍，仅广东、香港两地年需求量就超过1亿只，中国黑凤鸡的养殖经常出现求大于供的现象。

另外，根据黑凤鸡的用途和功能，它本身就有开发市场、占有市场的巨大能力。如白凤鸡已经发展30年，市场还没饱和，而黑凤鸡好吃、好看、好养，是保健特禽，不需特殊技术，一年四季，男女老幼都能养都能吃，中国13亿多人，平均1人1年吃1只，就得消费13亿只，黑凤鸡的"功能"，决定了它的命运，必然要走向市场，走上老百姓餐桌。

第三节　黑凤鸡的生殖生理

黑凤鸡作为禽类的一种，生殖系统同样分为雌性生殖系统和雄性生殖系统。生殖系统功能是产生新个体，繁殖后代，使种族延续。

一、母鸡

母鸡生殖器官位于体躯左侧，包括一个卵巢和输卵管。

（1）卵巢　卵巢是母鸡的性腺，雌性配子（卵细胞）在这里生长和成熟，雏鸡孵出后，左侧卵巢成为很易辨认的平滑小叶状，一日龄雏的卵巢大小和重量是很小的，平均为 0.003 克，内含有大量卵母细胞，数量 600～500 000 个不等，每个卵母细胞构成卵泡，为其生长和构成卵黄提供必要的物质。由于卵黄物质积聚结果，卵母细胞的体积不断增加，卵巢的活跃活动开始于性成熟之前不久。卵巢呈一串葡萄状，包含大小不同的卵母细胞（重 1～10 克），小的卵母细胞呈浅灰至白色，成熟后呈橙黄色。

卵巢的激素产物是雌激素、雄激素和孕酮，它们是从表层间质细胞和髓质中产生。可调节卵泡的生长、成熟和排卵，以及输卵管的活动。

（2）输卵管　输卵管从形态上可分为 5 个独立的组成部分。

① 漏斗部。朝向卵巢，开口边缘薄，呈伞状形如漏斗，以接纳成熟的卵泡。

② 膨大部。最长，弯弯曲曲，黏膜皱褶明显，乳白色卵白就是在这里产生的。

③ 峡部。短而细，黏膜较透明。主要形成卵壳膜。

④ 子宫部。扩大成囊状。壁较厚，灰红或淡灰色。卵在此处形成卵壳和卵壳色素。

⑤ 阴道部。短，弯曲成"S"形。

二、公鸡

公鸡的生殖器由本身的生殖腺（睾丸）、副性腺（附睾）、输精管、精囊和生殖乳头组成。阴茎退化形成射精沟。

（1）睾丸 对称的位于脊椎两边，靠近肾的前端，形状椭圆形，颜色乳黄色或深乳黄色。成年公鸡睾丸重量大约为其体重的1%～2%。睾丸由大量的小曲管组成，小曲管间的空隙被血管和淋巴管以及间质细胞所充满。睾丸主要功能是生产精子，分泌雄性类固醇激素（睾酮）。

（2）附睾 被睾丸总囊包围，呈长椭圆形位于睾丸的背侧面，色深黄，鸡的附睾发育较差，只有在睾丸活动期才明显扩大。

（3）输精管 为细的曲管，管的上部腹面上有输出的横静脉，而下部与输尿管平行。在性活动期，输精管以及精囊（输精管扩展的下部）被精子所充满，输精管开口于泄殖腔中。

（4）精子生成过程 鸡精子生成基本与其他脊椎动物相同，都以初级胚细胞（精原细胞）分裂开始，以形成成熟的精子结束。

第四节 养殖黑凤鸡应做的准备工作

从当前的趋势看，经营黑凤鸡养殖的人越来越多，建场和投资的规模也将越来越大。要想成功地养殖黑凤鸡，并获得盈利，在批量生产或投资建场之前，必须做好必要的准备工作。

一、环境条件的选择

饲养黑凤鸡，无论是圈养还是放养，都应该尽量提供良好的环境条件。环境条件是否适宜黑凤鸡的生长发育是决定黑凤鸡养殖成功以及生产效率高低的关键环节。黑凤鸡养殖场的场址选择要符合科学要求，禽舍的布局和建筑要合理，设备力求完善，舍内小气候要适宜于黑凤鸡的生理需求。

此外，黑凤鸡养殖要注意由小到大，逐步发展。在实践经验不足的情况下，开始时规模不宜太大，应先做一些小规模的养殖，待取得一定实践经验、对黑凤鸡饲养技术心中有数之后，逐步扩大规模。这样看来似乎发展速度很慢，但可以避免一些不必要的损失。

养黑凤鸡之前还要做好卫生防疫、生产管理计划的安排等方面的准备。

二、资金

资金是经营养殖场的重要条件，资金的多少决定了养殖场的规模。建场前必须对养殖场、房舍、设备、种苗、饲料、水和电等方面所需要的投资做出估算。如果养殖场规模较大，为确保有稳定的种苗来源，最好附设一个黑凤鸡种鸡场，黑凤鸡种鸡场的投资也要估算在内。此外还要留足生产资金。

为了减少基金投入、少花钱多办事，在符合科学和技术要求的前提下，在建设饲养场、置备有关设施和选用饲料等方面，可以因地、因材制宜，尽量利用现有条件和当地资源。

三、销路

对于准备和刚开始经营黑凤鸡养殖的人来说，仅仅了解黑凤鸡的基本情况和养殖技术是远远不够的，更为重要的是，必须事先把产、供、销等各个环节的情况都摸清楚，然后通过综合分析，做出正确的决定。切忌一哄而起，盲目上马。

四、饲养技术

要想在黑凤鸡养殖实践中以相对小的投入，获得较高的产出，必须学习黑凤鸡养殖的有关知识，并掌握先进的饲养管理技术和经验。在此基础上，在实践中不断学习，汲取他人成功的饲养管理技术和经验，以提高自己的饲养管理水平。同时注意总结，积累自己成功的饲养管理经验。

五、纯正可靠的物种来源

由于黑凤鸡养殖经济效益十分诱人，但种源相对较紧张，少数饲养场将淘汰的黑凤鸡作种出售，这样会给引种者带来很严重的经济损失。

六、饲料

饲料是养好黑凤鸡的物质基础，通常饲料占成本的 65%～75%。黑凤鸡饲料基本与家鸡相似，饲料调配主要是粒料、动物性饲料和青绿饲料的搭配。

七、掌握一种适于自己的孵化方法

养殖黑凤鸡经济效益好坏，直接受孵化这一环节的影响。由于各自的经济条件不同，可以选择不同的孵化方式。从电褥子孵化法、火炕孵化法、桶孵化法等，到自动孵化器孵化各有各的优缺点，但无论哪一种方式，只要操作得当，都可以达到令人满意的效果。

第五节　提高黑凤鸡养殖效益的措施

一、把好市场脉搏

广大养殖户应善于通过报刊、广播、网络等有效手段，及时掌握商品黑凤鸡、饲料、雏鸡价格波动情况，把握好每一个增收节支的机会，为更好地调整生产奠定基础。

二、适度规模饲养

养殖户要根据自身的经济实力和抗风险能力，掌握好黑凤鸡饲养的适度饲养规模，要根据场区大小和资金实力，制定合理的饲养计划，既不能造成固定资产的闲置浪费，也不能贪求过大的饲养规模，为资金的回流和持续发展加足筹码。

（一）提倡科学喂养

要在力所能及的条件下，尽量改善饲养条件，以获得更好的生产效益。集中育雏，将雏鸡饲养与成鸡饲养分开，实行全进全出制。饲料运用应规范、科学，应选用质量过关且价格合理的饲料，保证饲料的卫生，严防霉变、冰冻等。要不断引进先进生产技术，提高黑凤鸡的出产率。

（二）加强疾病控制

1. 把好鸡舍建设关

避免人鸡混居，尽量远离村庄，减少疫病的发生和传染。

2. 把好严格消毒关

建立定期消毒制度，既要保证鸡只饲养安全，也要保证消毒质量。

3. 把好科学防疫关

要结合实际，建立合理的防疫计划，增强鸡体的免疫力，降低发病率，提高成活率。

4. 把好无害化处理关

要严格按照防疫要求，对染疫或疑似染疫鸡只进行火化、深埋等无害化处理，避免疫情传播。

（三）注重技术合作与革新，提高技术含量

随着市场竞争日趋激烈，只有技术领先才能立于不败之地。黑

凤鸡生产者应注意利用书刊、网络、参加产品交易会和技术交流会等各种机会，不断学习和在养殖实践中采用新技术、新工艺，并在养殖实践中加以发展创新，尽量与同行、专家保持密切联系，加强技术信息交流，不断进行技术升级改造。

（四）实施产业化经营，规避市场风险

有条件的地区和养殖场户，可以尝试走黑凤鸡产业化开发的路子，不仅仅局限于卖商品黑凤鸡、蛋，而是要从孵化育雏、销售种鸡、生产饲料供应、技术服务、特色餐饮旅游开发等不同环节进行专业化分工和协作，以利于延伸产业化链条，实现挖潜增效，分摊市场风险。

第二章　养殖场舍及其设备

　　黑凤鸡野性强，如果采用笼养方式，会丧失它原有的特点。因此黑凤鸡的饲养方式可分为圈养、放养。圈养结合运动场地饲养，鸡群的活动面积大，鸡能接受到阳光直接照射，并在土壤中补充某些微量元素和沙粒等；放养使黑凤鸡回归其野性，放养环境中的昆虫和青草能够使其找到足够的食物，从而节省饲料，放养的黑凤鸡毛色更亮、肉质更好，野味更足，市场售价也更高。

第一节　场址选择

　　新办鸡场，场址的选择对今后的生产、经营和发展等影响十分重大，特别是对规模较大、固定资产投资较多的鸡场，忽视了某一方面的条件，都可能导致生产和经济的重大损失。因此，在确立了鸡场的生产性质、规模、养殖方式等后，就必须做充分的选址调查工作，尽可能满足各项建场条件，初步拟订出数个方案，分析对照后，择定最佳方案。

一、圈养场址的选择

　　圈养鸡场的场地应选在地势干燥的地方，按普通鸡的选址要求，根据养殖黑凤鸡的数量，再建造鸡舍和运动场。

（一）地形地貌

圈养鸡场的地势应高燥且平坦。这种场地阳光充足，通风、排水良好，有利于鸡场内、外环境的控制。平原地区，场地应选地势高燥、平坦、开阔、排水良好和背风向阳的地方，地下水位要在1米以下；山区应选择稍平缓坡上，坡面向阳，鸡场总坡度不超过25%，建筑区坡度控制在2.5%以内。在土质上，最好选择含石灰质多的沙质土壤，平时能保持舍内外干燥，雨后能及时排出地面积水。避免在黏土地上建鸡舍，因为这样的土质通透性不强，雨季难以进行舍外作业。另外，在丘陵地区建舍要防止"渗山水"，避免鸡场潮湿。

（二）水源

鸡场用水要考虑水量与水质的问题。其耗水包括饮水、防疫用水、生活用水和防火用水等。水源应是地下水，水质清洁。如有条件应提取水样，对水的物理、化学和生物污染程度等进行化验分析，经过检查符合饮水卫生。

（三）电源

鸡场中除孵化室要求24小时供应电力外，鸡群的光照也必须有电力供应。因此对于较大型的鸡场，必须具备备用电源，如双线路供电或发电机等。

（四）运输与饲料来源

鸡场的生产与生活所需物质运输量较大，因此选场址时要考虑交通方便，场内外道路平整，又有利于卫生防疫。若路不好或需新建，在建场时应一并考虑。若交通不便，道路不好，将给生产与管理带来较大困难，甚至增加养殖成本。一般要求距公路干线不少于500米，距次级公路应在200米左右为好。

（五）防疫环境

除饲养中严格执行科学饲养外，鸡舍应有一个良好的防疫环境。选择场址时应尽可能远离乡村集镇、居民点、小学校、屠宰场等，并调查拟建场区是否有过传染病史。一般要求距居民区应该1千米以上、距城市或集镇不少于15千米，与其他家禽场距离最好应在20千米以上，远离工业公害污染区。

（六）日照与通风条件

日照时间长短对鸡舍保温、节省能源、鸡群健康都有良好的作用。所以鸡场必须日照充足，地势干燥，通风良好。

二、放养场址的选择

（一）位置

1. 经济林

经济林分布范围比较广，树的品种多，有幼龄、成龄的阔叶林、针叶林、乔木、灌木等。夏天宜安排在乔木林、阔叶林、常绿林、成龄树园中；冬天则安排在落叶、幼龄树林为好，以刚刚栽下的1～3年的各种经济林为好。

林地放养黑凤鸡，必须选择林隙合适、林冠较稀疏、冠层较高、郁闭度在0.5～0.6的林地，透光和通气性能较好，且林地杂草和昆虫较丰富，有利于黑凤鸡的生长和发育。郁闭度大于0.8或小于0.3时，均不利于黑凤鸡的生长。

2. 山地

选择远离住宅区、工矿区和主干道，环境僻静的山地。最好是果园及灌木林、荆棘林和阔叶林，没有或很少农田等。其坡度不宜过大，最好是丘陵山地。土质以沙壤为佳，若是黏质土壤，在放养区应设立一块沙地。过夜鸡舍既不能建在山顶，也不能建在山谷深洼处，应建在向阳的南坡上。所选地势的好坏，直接关系到光照、通风、排水和鸡舍保温等情况。

3. 园地

选择地势高燥、避风向阳、环境安静、饮水方便、无污染和无兽害的竹园、果园、茶园与桑园等地。不仅解决了室内养殖场所紧张的问题，扩大了饲养量，还能降低饲养成本。果园放养黑凤鸡可在园中捕捉到昆虫，在土壤中寻觅到自身所需的矿物质元素和其他一些营养物质，提高了自身的抗病性，大大降低了饲料添加剂成本、防病成本和劳动强度。鸡在果园寻觅食物及活动过程中，可挖出草根，踩死杂草，捕捉昆虫，从而达到除草、灭虫的目的。鸡粪是很好的有机肥料，果园放养黑凤鸡后可减少化肥的使用量，提高水果的品质。

果园放养黑凤鸡时，果树喷洒农药时应尽量使用低毒高效或低浓度低毒的杀菌农药，或实行限区域放养，或实行禁放 1 周，避免鸡群农药中毒。

（二）水源

放养时每只成年黑凤鸡每天的饮水量平均为 300 毫升，在气候温和的季节里，鸡的饮水量通常为采食饲料量的 2～3 倍，寒冷季节约为采食饲料量的 1.5 倍，炎热季节饮水量显著增加，可达采食饲料量的 4～6 倍。因此，鸡场必须要有可靠、充足的水源，并且位置适宜，水质良好，便于使用和防护。最理想的水源是深层地下水，一是无污染，二是相对"冬暖夏凉"。地面水源包括江水、河水、塘水等，其水量随气候和季节变化较大，有机物含水量多，水质不稳定，多受污染，最好经过处理后使用。

（三）环境条件

过夜场址位置的确定要远离工厂、铁路、公路干线及航运河道。尽量减少噪声干扰，使鸡群长期处于比较安静的环境中。鸡的饲料、产品以及其他生产物质等需要大量的运输能力，因此，要求交通方便，路基必须坚固，路面平坦，排水性能好。

此外，电源是否充足、稳定，也是鸡场必须考虑的条件之一。

第二节　场地的规划

鸡场场址选定之后，接着就要根据地形、地势和当地主风向等，计划和安排鸡场内不同建筑功能区、道路、排水、绿化等地段的位置；然后根据鸡场分区方案设计各种建筑物的要求，合理安排每栋建筑物和每种设施的位置和朝向。

一、圈养场地的规划

圈养鸡场主要分场前区、生产区及隔离区等。场地规划时，主要考虑人、禽卫生防疫和工作方便，并根据场地地势和当地全年主风向，按顺序安排各区。场前区应设在全场的上风向和地势较高的地段，接着为生产区，生产区设在这些区的下风向和较低处，但应高于隔离区，并在其上风向。

（一）场前区

场前区包括技术办公室、饲料加工及饲料库房、车库、杂品库、更衣消毒室、配电室、宿舍和食堂等，是担负鸡场经营管理和对外联系的场区，应设在与外界联系方便的位置。大门前设车辆消毒池，两侧设门卫和消毒更衣室。

鸡场的供销运输与外界联系频繁，容易传播疾病，故场外运输应严格与场内运输分开。负责场外运输的车辆严禁进入生产区，其车棚、车库也应设在场前区。

场前区、生产区应加以隔离。外来人员最好限于场前区活动，不得随意进入生产区。

（二）孵化室

孵化室宜建在靠近场前区的入口处，大型养殖场最好单设孵化室，宜设在养殖场专用道路的入口处，小型养殖场也应在孵化室周围设围墙或隔离绿化带。

（三）幼雏舍

无论是专业性还是综合性养殖场，为保证防疫安全，禽舍的布局根据主风向和地势，应当按孵化室，幼雏舍排列，这样能减少发病机会。

育雏舍应与孵化室及放养场地相距 100 米以上，距离大些更好，在有条件时，最好另设分场，专门孵化及饲养幼雏，以防交叉感染。

（四）商品鸡区与种鸡区

应分区饲养，种鸡区应放在防疫上的最优位置，各区中的育雏、育成舍又优于成年鸡舍的位置，而且育雏、育成鸡舍与成年鸡舍的间距要大于本群鸡舍的间距，并设沟、渠、墙或绿化带等进行隔离，以确保育雏、育成鸡群的防疫安全。

（五）饲料加工、贮藏库

饲料加工贮藏库应接近禽舍，交通方便，但又要与禽舍有一定的距离，有利于禽舍的卫生防疫。

（六）隔离区

隔离区包括病、死鸡隔离、剖检、化验、处理等房舍和设施，粪便污水处理及贮存设施等，是养鸡场病鸡、粪便等污物集中之处，是卫生防疫和环境保护工作的重点，该区应设在全场的下风向和地势最低处，且与其他两区的卫生间距不小于 50 米。

（七）贮粪场

贮粪场既应考虑便于鸡粪运出鸡舍并运到场外。

（八）病鸡隔离区

病鸡隔离区应尽可能与外界隔绝，且其四周应有天然的或人工的隔离屏障，设单独的通路与出入口。病鸡隔离舍及处理病死鸡的尸坑或焚尸炉等设施，应距鸡舍 300～500 米，且后者的隔离更应严密。

（九）鸡场的道路

生产区的道路应将净道和污道分开，以利于卫生防疫。净道用于生产联系和运送饲料、产品，污道用于运送粪便污物、病畜和死鸡。场外的道路不能与生产区的道路相通。场前区与隔离区应分别设在与场外相通的道路。

（十）鸡场的排水

排水设施是为了排出场区雨、雪水，保持场地干燥。一般可在道路一侧或两侧设明沟，沟壁、沟底可砌砖、石，也可将土夯实做成梯形或三角形断面，再结合绿化护坡，以防塌陷。如果鸡场场地本身坡度较大，也可以采取地面自由排水，但不宜与舍内排水系统的管沟通用。隔离区要有单独的下水道将污水排至场外的污水处理设施。

二、放养场地的规划

根据场地大小、生长草面积、放养黑凤鸡数量用网进行区域划分，每个小区面积以 $1\,000$ 米^2 为宜。放养面积过大，一是不便于管理，二是鸡的体能消耗大，不利于育肥。放养时采取定期轮牧的饲养方式，等一片放养地的草被采食得差不多后就赶到另一片放养地，做到黑凤鸡一经放养就日日有可食的草、虫或树叶等。为了保证放养黑凤鸡有充足的牧草，可预先在放养地种植一些可供鸡食用的牧草，如苜蓿、黑麦草等。

黑凤鸡放养的主要目的是提高鸡肉的品质。让黑凤鸡只在外界环境中采食虫、草和其他可食之物，每过一段时间后，放养地的虫草会被黑凤鸡食完。因此应预先将放养地根据放养黑凤鸡的数量和放养时间的长短及放养季节划分成多片放养区域，用围栏分区围起来轮换放养，一片放养1~2周后，赶到另一个围栏内放养，让已被采食过的放养小区休养生息，恢复植被后再放养，使鸡只在整个放养期都有可食的虫草等物。

这里必须强调的是，鸡是采食能力很强的动物，大规模、高密度的鸡群需要充分的食物供应，否则会对放养场所的生态环境造成很大的危害。因此，必须认识到放养环境中的天然饵料的供应是相对有限的，及时注意加强饲料投放，采取合理的饲养密度和轮牧措施。否则，不仅影响鸡群的正常生长发育，而且会对散养环境中的植被、作物、树木等产生很大破坏。

第三节　养殖场及设备

圈养黑凤鸡的鸡舍排列的合理性关系到场区小气候，如鸡舍的采光、通风。鸡舍群一般采取横向成排（东西），纵向呈列（南北）的行列式，即各鸡舍应平行整齐呈梳状排列，不能相交。鸡舍群的排列要根据场地形状、鸡舍的数量和每幢鸡舍的长度，酌情布置为单列、双列或多列式。生产区最好按方形或近似方形布置，应尽量避免狭长形布置，以避免饲料、粪污运输距离加大，饲养管理工作联系不便，道路、管线加长，建场投资增加。

鸡舍群按标准的行列式排列与地形地势、气候条件、鸡舍朝向选择等发生矛盾时，也可将鸡舍左右错开、上下错开排列，但要注意平行的原则，避免各鸡舍相互交错。当鸡舍长轴必须与夏季主风向垂直时，上风向鸡舍与下风向鸡舍应左右错开呈"品"字形排列，这就等于加大了鸡舍间距，有利于鸡舍的通风；若鸡舍长轴与夏季主风方向所成角度较小时，左右列应前后错开，即顺气流方向逐列后错一定距离，也有利于通风。

鸡舍的朝向要由地理位置、气候环境等来确定。适宜的朝向应满足鸡舍日照、温度和通风的要求。在我国，鸡舍应采取南向或稍偏西南或偏东南为宜，冬季利于防寒保温，而夏季利于防暑。鸡舍的朝向选择以南向为主，可向东或西偏45°，以南向偏东45°的朝向最佳。这种朝向需要注意遮光，如加长屋顶、窗面涂暗等减少光照强度。如同时考虑地形、主风以及其他条件，可以在朝向方面作一些调整，向东或向西偏转15°配置，南方地区从防暑考虑，以向东偏转为好。北方地区朝向偏转的自由度可稍大些。

鸡舍间距的确定主要从日照、通风、防疫、防火和节约用地等方面考虑，根据具体的地理位置、气候、地形和地势等因素确定。鸡舍间距不小于鸡舍高度的3~5倍时，可以基本满足日照、通风、卫生防疫、防火等要求。一般密闭式鸡舍间距为10~15米；开放式鸡舍间距约为鸡舍高度的5倍。

一、孵化场舍建筑及设备

大型鸡场的孵化场应是现代建筑物，它包括种蛋贮存室、孵化室、出雏室、雏鸡分级存放室以及日常管理所必需的房室。大型孵化场则应以孵化室和出雏室为中心。根据流程要求及服务项目来确定孵化场的布局，安排其他各室的位置和面积，既能减少运输距离和人员在各室的往来，又有利于防疫工作和提高建筑物的利用率。

(一) 孵化场舍建筑

1. 种蛋贮存室

种蛋库贮存室用于存放种蛋，要求有良好的通风条件以及良好的保温和隔热降温性能，库内温度一般宜保持在10~15℃。种蛋贮存室内要防止蚊、蝇、鼠和鸟进入。种蛋贮存室的室内面积以足够在种蛋高峰期放置蛋盘，并操作方便为度。

2. 孵化室

雏鸡孵化若不用于销售，根据种蛋来源及数量，可依据养殖黑凤鸡的数量、孵化批次、孵化间隔、每批孵化量确定孵化形式、孵化室、出雏室及其他各室的面积。孵化室和出雏室面积，还应根据孵化器类型、尺寸、台数和留有足够的操作面积来确定。

（1）孵化场空间　若采用机器孵化，孵化场用房的壁、地面和天花板，应选用防火、防潮和便于冲洗的材料，孵化场各室（尤其是孵化室和出雏室）最好为无柱结构，以便更合理安装孵化设备和操作。门高2.4米左右，宽1.2~1.5米，以利种蛋和蛋架车等的输运。地面至天花板高3.4~3.8米。孵化室与出雏室之间应设缓冲间，既便于孵化操作，又利于防疫。

孵化厅的地面要求坚实、耐冲洗，可采用水泥或地板块等地面。孵化设备前沿应开设排水沟，上盖铁栅栏（横栅条，以便车轮垂直通过）与地面保持平整。

（2）孵化厅的温度与湿度　环境温度应保持在22~27℃，环境相对湿度应保持在60%~80%。

（3）孵化厅的通风　孵化厅应有很好的排气设施，目的是将孵化机中排出的高温废气排出室外，避免废气的重复使用。为向孵化厅补充足够的新鲜空气，在自然通风量不足的情况下，应安装进气巷道和进气风机，新鲜空气最好经空调设备升（降）温后进入室内，总进气量应大于排气量。

（4）孵化厅的供水　加湿、冷却的用水必须是清洁的软水，禁用镁、钙含量较高的硬水。供水系统接头（阀门）一般应设置在孵化机后或其他方便处。

（5）孵化厅的供电　要有充足的供电保证，并按说明书安装孵化设备；每台机器应与电源单独连接，安装保险，总电源各相线的负载应基本保持平衡；经常停电的地区建议安装备用发电机，供停电使用；一定要安装避雷装置，避雷地线要埋入地下1.5~2

米深。

（二）孵化所需设备

黑凤鸡已基本丧失抱性，必须进行人工孵化，因此，孵化设备和孵化方法的选择尤其重要。

孵化场从种蛋进入到雏鸡发送，需要各种配套设备，各设备的种类和数量随孵化规模等而定，其中，最重要的设备为孵化器，目前多为模糊电脑孵化器，其他一些孵化器也相继并存。总之，只要孵化器工作稳定性好，密闭性能好，装满蛋后温差小，检修和清洗等方便，控温系统灵敏，省电即可。

1. 孵化机类型

孵化机的类型多种多样。按供热方式可分为电热式、水热式、水电热式等；按箱体结构可分为箱式（有拼装式和整装式两种）和巷道式；按放蛋层次可分为平面式和立体式；按通风方式可分为自然通风和强力通风式。孵化机类型的选择主要应根据生产条件来决定，在电源充足稳定的地区以选择电热箱式或巷道式孵化机为最理想。拼装式、箱式孵化机安装拆卸方便；整装箱式孵化机箱体牢固，保温性能较好；巷道式孵化机孵化量大，多为大型孵化厂采用。

2. 孵化机型

（1）孵化机的容量 应根据孵化厂的生产规模来选择孵化机的型号和规格，当前国内外孵化机制造厂商均有系列产品。每台孵化机的容蛋量从数千枚到数万枚，巷道式孵化机可达到 6 万枚以上。

（2）孵化机的结构及性能 综合孵化设备现状来看，国内外生产的孵化器结构基本大同小异，箱体一般都选用彩塑钢或玻璃钢板为里外板，中间用泡沫夹层保温，再用专用铝型材组合连接，箱体内部采用大直径混流式风扇对孵化设备内的温度、湿度进行搅拌，装蛋架均用角铁焊接固定后，利用蜗轮蜗杆型减速机驱动转动，翻蛋动作缓慢平稳无颤抖，配选鸡蛋的专用蛋盘，装蛋后一层一层地放入装蛋铁架，根据操作人员设定的技术参数，使孵化设备具备了自动恒温、自动控湿、自动翻蛋与合理通风换气的全套自动功能，保证了受精禽蛋的孵化出雏率。

目前，优良的孵化设备当数模糊电脑控制系统了，它的主要特点是温度、湿度、风门联控，减少了温度场的波动，合理的负压进气、正压排气方式，使进风口形成负压，吸入新鲜空气，经加热后均匀搅拌吹入孵化蛋区，最后由出气口排出。孵化厅环境温度偏高时，冷却系统会自动打开，实施风冷，风门也会自动开到最大，加快空气的交换。全新的加热控制方式，能根据环境温度、机器散热和胚胎发育周期自动调节加热功率，既节能又控温精确。有两套控温系统，第一套系统工作时，第二套系统监视第一套系统，一旦出现超温现象时，第二套系统自动切断加热信号，并发出声光报警，提高了设备的可靠性。第二套控温系统能独立控制加温工作。该系统还特加了加热补偿功能，最大限度地保证了温度的稳定。加热、加湿、冷却、翻蛋、风门、风机均有指示灯进行工作状态指示；高低温、高低湿、风门故障、翻蛋故障、风扇断带停转、电源停电、缺相、电流过载等均可以不同的声讯报警；面板设计简单明了，操作使用方便。

（3）孵化机自控系统　有模拟分立元件控制系统、集成电路控制系统和电脑控制系统 3 种。集成电路控制系统可预设温度和湿度，并能自动跟踪设定数据。电脑控制系统可单机编制多套孵化程序，也可建立中心控制系统，一个中心控制系统可控制数十台以上的孵化单机。孵化机可以数字显示温度、湿度、翻蛋次数和孵化天数，并设有超高、低温报警系统，还能自动切断电源。

（4）孵化机技术指标　孵化机的技术指标的精度不应低于一定的标准。温度显示精度 0.01 ~ 0.1℃，控温精度 0.1 ~ 0.2℃，箱内温度场标准差 0.1 ~ 0.2℃，湿度显示精度 1% ~ 2%，控湿精度 2% ~ 3%。

（5）出雏器　与孵化机相同。如采用分批入孵、分批出雏制，一般出雏机的容蛋量按 1/4 ~ 1/3 与孵化机配套。

3. 孵化器的挑选

养殖和专业户在选购孵化器时，应考虑以下几个方面。

① 孵化率的高低是衡量设备好坏的最主要指标，机内的温度场应该均匀，没有温度死角，否则会降低出雏率；控温精度、汉显智能要好于模糊电脑，模糊电脑要好于集成电路。

② 机器使用成本，如电费及维修保养费用等。

③ 电路设计要合理，有完善的老化检测设备；另外，适应老化试验一段时间，检测后才能出厂使用。

④ 售后服务好。应尽可能选择规模较大、发展势头好、服务速度快、能长期提供服务的厂家。

⑤ 使用寿命长。使用寿命主要取决于材料的材质、用料的厚薄及电器元件的质量，选购时应详加比较。另外，产品类型也是选择孵化机时应特别注意的方面。

4. 孵化配套设备

（1）发电机 用于停电时的发电。

（2）水处理设备 孵化场用水量大，水质要求高，水中含有矿物质等沉淀物易堵塞加湿器，须有过滤或软化水的设备。

（3）运输设备 用于孵化场内运输蛋箱、雏盒、蛋盘、种蛋和雏鸡。

（4）照蛋器 是用来检查种蛋受精与否及鸡胚发育进度的用具。目前生产的手持式照蛋器，采用轻便式的电吹风外壳改装而成。灯光照射方向与手把垂直，控制开关就在手把上。操作方便，能提高工作效率。

照蛋器的电源为 220 伏交流电（也可用低压交流电）。器内装有 15 瓦的小灯泡，灯光经反光罩和聚光罩形成集中的光束射出。光线充足，能透过棕色的蛋壳，清晰地照出鸡胚发育的蛋相来。照蛋器的散热性能应良好，连续工作而外壳不发烫；前端有一个橡皮垫，可防止照蛋时碰破蛋壳。使用时，应轻提轻放，不要猛烈震动，也不宜随意拆卸。

（5）冲洗消毒设备 一般采用高压水枪清洗地面、墙壁及设备。目前有多种型号的国外冲洗设备，如喷射式清洗机很适合孵化场的冲洗作业。它可转换成 3 种不同压力的水柱："硬雾"用于冲洗地面、墙壁、出雏盘和架车式蛋盘车、出雏车及其他车辆；"中雾"用于冲洗孵化器外壳、出雏盘和孵化蛋器；"软雾"冲洗入孵器和出雏器内部。

（6）蛋盘和蛋车　盘鸡蛋孵化专用蛋盘和蛋车。

（7）其他设备　如移盘设备、连续注射器、雏鸡盒等。

二、圈养场舍建筑及设备

圈养鸡舍要求冬暖夏凉，阳光充足，通风良好。商品黑凤鸡放养是要求脱温后才放养，因此，放养的黑凤鸡也要建育雏舍和育成舍（过夜舍）。

（一）圈养场舍建筑

1. 圈养场舍

（1）育雏舍　育雏舍专门饲养雏黑凤鸡，这阶段要供温，室温要求达到 20 ~ 25℃ 且保温性能好，有一定的通风条件。

育雏的好坏对其后的生产性能影响很大。无论种鸡和商品鸡都要经过育雏阶段。可以说，育雏的好坏是养鸡生产的关键之一。雏鸡与脱温后的育成鸡、成年鸡的生理状态差异较大，对环境条件的要求也不同，故房舍结构的要求也有所不同。要育好雏鸡，须有一个适合雏鸡生理条件的育雏舍。

雏鸡从孵出到脱温期间是在育雏舍培育的。雏鸡脱温的日龄因品种和外界气温条件的不同而不同。育雏舍的基本要求如下。

① 保温性能良好。保温是育雏的关键措施。1 周龄内的雏鸡舍内温度需控制在 25 ~ 28℃，保温伞（灯）下温度达 30 ~ 35℃。为了达到这个温度要求，育雏舍要求保温性好，门窗关闭要严密，舍内空间尽可能小，为此可在离地面高 1.6 ~ 2 米装修隔热层。

② 利于干燥和通风。雏鸡生长发育快，饲养密度大，呼吸的

空气量和散发的水分都较大，如不能解决好育雏舍的通风和排湿，就易造成舍内空气混浊和潮湿，病原微生物大量繁殖，诱发疾病。

③ 利于清洁和消毒。雏鸡的生理机能不完善，抵抗力较弱，易受到病原微物的侵害引起疾病和死亡，造成生产的重大损失。有效地提高雏鸡育成率、减少疾病发生与流行的重要技术措施就是育雏舍实行"全进全出"制。在每批鸡群育雏结束后，对育雏舍内外环境和工具进行彻底清洁与消毒，所以雏鸡舍最好采用混凝土地面，墙面光滑。

④ 分栏。育雏舍还应分栏，以每栏饲养 400~500 只雏鸡为宜，如果群体过大，往往由于外界应激因素的影响，造成鸡群挤压伤残和死亡，不便于饲养管理。

（2）育成舍　育成舍用于饲养育成雏。此期黑凤鸡的生活能力逐渐增强，所以最基本的要求是夏季能通风防热，北方的冬季能防寒保暖，室内要保持干燥，在南方只要建简易的棚舍就可以了。圈养的可继续利用育雏舍，只是可以打开门，让鸡到运动场活动，运动场（兼作喂料场）是鸡舍的 1.5~2 倍，运动场周围均需建 2~3 米围栏或围网。放养的要转群到放养地的育成舍（成年黑凤鸡过夜舍）。

（3）育肥舍　商品黑凤鸡可采用圈养或放养的方式。圈养的育肥黑凤鸡舍的要求比育雏舍要低一些。因为育肥黑凤鸡舍饲养的鸡只较大，羽毛已丰满，鸡本身的体温调节系统已经健全，对环境有较强的适应性。鸡舍要求有一定的保温、防暑和通风的性能，特别是要求夏季炎热气候的防暑，此外要考虑饲养的规模。黑凤鸡的饲养密度因不同的饲养方式和品种类型而有差异，一般每平方米 8 只为宜，最多不能超过 10 只。育肥黑凤鸡舍的投资除较大型的鸡场外，一般的小型鸡场或专业户都应以投资少、实用为原则。家庭养鸡也可利用现有的房屋改装饲养商品黑凤鸡，只要注意清洁卫生和防疫，同样可以取得良好的效果。放养的可直接利用放养地的育成舍。

（4）种鸡舍　种黑凤鸡舍的建筑应根据黑凤鸡种鸡的生理特

性和生产目的而确定。种黑凤鸡的生产目的就是最大限度地提供合格种蛋，最终提供合格的商品鸡苗。为此，要力求达到种鸡产蛋量高，种蛋合格率高，受精率和孵化率高。种鸡死亡率和淘汰率低。所以，种黑凤鸡舍的建设应围绕着能否创造高的生产技术水平而进行。

对种黑凤鸡的饲养方式，多采用圈养加运动场的方式，让种鸡群到运动场活动、晒太阳和沙浴。

① 种鸡活动的场所应平整。一方面利于种鸡站立平稳交配成功率高，另一方面减少种鸡因脚部损伤而造成淘汰或引发脚部感染。

② 种鸡舍的周围环境应尽可能的安静，减少应激因素的发生。黑凤鸡生性怕惊，稍有应激就会造成种鸡群骚动，选成产蛋率下降、畸形蛋增加。

③ 种鸡舍的产蛋设施设置合理，产蛋箱（窝）的数量以3~4只鸡一个为好，产蛋窝要隐蔽一些。在种鸡舍离门近的一头或两头放活动产蛋箱，为了适应黑凤鸡的产蛋习性，屋角暗处做1个产蛋沙池。

④ 种鸡舍采光性能好。光照对种鸡的性成熟和产蛋率的高低有直接的关系。所以种鸡舍应做到自然光照充足，人工光照适度、分布均匀，光照时数稳定并有规律性。

⑤ 通风和降温条件要良好。种鸡产热多，特别是产蛋阶段，耐热能力下降，如通风和降温条件不好，在高热、低气压条件下，很容易造成大批量种鸡中暑死亡。

2. 禽舍的建设要求

（1）地基与地面 地基应深厚、结实。舍内地面要求平坦、防潮、并高出舍外，易于清刷消毒。

（2）墙壁 隔热性能好，能防御外界风雨侵袭。多用砖或石头垒砌，墙外面用水泥抹缝，墙内面用水泥或石灰挂面，以便防潮利于冲刷。

（3）屋顶 除平养跨度不大的鸡舍用单坡式屋顶外，其他的选用双坡。

（4）门窗 门一般设在南向鸡舍的南面。一般单扇门高2米、宽1.6米左右。开放式鸡舍的窗户应设在后墙上，前窗应宽大，离地面可低，以便于采光。后窗应小，约为前窗面积的2/3，离地面可较低以利夏季通风。密闭鸡舍不设窗户，只设应急窗和通风进出气孔。

（5）鸡舍跨度、长度和高度 鸡舍的跨度视鸡舍屋顶的形式、鸡舍类型和饲养方式而定，一般跨度为开放式鸡舍6～10米。

鸡舍的长度，按养鸡数量多少而定。一般跨度6～10米的鸡舍，长度一般在30～60米；跨度较大的鸡舍宽12米，长度一般在70～80米。

鸡舍的高度应根据饲养方式、清粪方法、跨度与气候条件而定。跨度不大、干旱及不太热的地区，鸡舍不必太高，一般鸡舍屋檐高度2～2.5米。

（6）操作间与过道 操作间是饲养员进行操作和存放工具的地方。鸡舍的长度若不超过40米，操作间可设在鸡舍的一端，若鸡舍长度超过40米，则应设在鸡舍中央。过道的位置视鸡舍的跨度而定，平养鸡舍跨度比较小时，过道一般设在鸡舍的一侧，宽度1～1.2米；跨度大于9米时，过道设在中间，宽度1.5～1.8米，便于采用小车喂料。

3. 饲料仓库

饲料仓库应能防潮、防鼠、防鸟、通风和隔热条件良好。饲料仓库多采用砖木结构，架空水泥地面，或用3层油毡铺地隔潮后再铺以水泥。库存量大的仓库应有排风装置。窗口、通风处用铁丝网围栏，以防鼠、鸟。仓库檐高5米以上，进深9米以上，其大门要保证车辆出入方便。原料、加工料和成品料应分开贮存。

（二）圈养所需设备

1. 供暖方式和用具

供暖方式多种多样，各地可以根据本地区的特点选择使用。农村用电热供暖，一是成本太高，二是常有停电之虑，难以保证育雏所需的适宜温度；煤气供暖虽然卫生、稳定，但成本较高。比较普遍的是用煤给雏鸡供暖，煤比较便宜，但使用方法不当，会给生产带来很大损失。

农户育雏比较理想的方法是使用地坑、火墙或地面烟道，因砖吸热比较多，散热比较稳，所以舍内温度相对来讲比较稳定，一般将燃煤口砌在墙外。用土暖气给雏鸡供暖也是个好方法，可能成本稍大些。此外，比较理想的供暖是舍内局部供暖法，即用保温伞或塑料布制成的小罩棚等，使热源的主要部分在棚伞之内，让棚伞之内的温度能稳定在33~35℃，舍内的其他地方温度能维持在24℃以上即可。雏鸡在伞内休息，在伞外采食饮水和运动。这与把整个育雏舍温度都加热到33~35℃相比，能节省很多加热费用，且有利于提高雏鸡对温度变化的适应力。

（1）烟道供暖　烟道供暖有地上水平烟道和地下烟道两种。地上水平烟道是在育雏室墙外建一个炉灶，根据育雏室面积的大小在室内用砖砌成1个或2个烟道，一端与炉灶相通。烟道排列形式因房舍而定。烟道另一端穿出对侧墙后，沿墙外侧建一个较高的烟囱，烟囱应高出鸡舍1米左右，通过烟道对地面和育雏室空间加温。地下烟道与地上烟道相比差异不大，只不过室内烟道建在地下，与地面齐平。烟道供暖应注意烟道不能漏气，以防煤气中毒。烟道供暖时室内空气新鲜，粪便干燥，可减少疾病感染，适用于广大农户养殖和中小型鸡场。

（2）火墙供暖　火墙育雏是在育雏室的隔断墙内做烟道，炉灶设在墙外。火墙比火炕升温快，但雏鸡活动的地面往往温度不高，因而用网上育雏为宜。

（3）煤炉供暖　煤炉由炉灶和铁皮烟筒组成。使用时先将煤炉加煤升温后放进育雏室内，炉上加铁皮烟筒，烟筒伸出室外，烟筒的接口处必须密封，以防煤烟漏出致使雏鸡发生煤气中毒死亡。此方法适用于较小规模的黑凤鸡养殖用，方便简单。

（4）保温伞供暖　保温伞有折叠式和非折叠式两种。非折叠式又分方形、长方形和圆形等，采用自动温度调节装置。折叠式保温伞适用于网上育雏和地面育雏。伞内用陶瓷远红外线加热，伞上装有自动控温装置，省电，育雏效率高。非折叠式方形保温伞，长宽各为 1～1.1 米，高 70 厘米，向上倾斜呈 45°角，一般可用于 250～300 只雏黑凤鸡的保温。一般在保温伞的外围还要加围栏，以防止雏鸡远离热源而受冷，热源离围栏 75～90 厘米。雏鸡 3 日龄后围栏逐渐向外扩大，10 日龄后撤离。

（5）红外线灯泡育雏　在室内直接使用红外线灯泡加热。常用的红外线灯每只 250～500 瓦，悬挂在距离地面 40～60 厘米高处，并可根据育雏需要的实际温度来调节灯泡的悬挂高度。一般每只红外线灯可保温雏鸡 100～150 只。红外线灯发热高，不仅可以取暖，还可以杀菌。加温时温度稳定，室内垫料干燥，管理方便，不利之处是耗电量大，灯泡易损坏，成本较高，供电不稳定地区不宜使用。

（6）远红外线加热供温　远红外线加热器是由一块电阻丝组成的加热板，板的一面涂有远红外涂层（黑褐色），通过电阻丝激发红外涂层发射一种见不到的红外光发热，使室内加温。安装时将远红外线加热器的黑褐色涂层向下，离地 2 米高，用铁丝或圆钢、角钢之类固定。8 块 500 瓦远红外线板可供 50 米^2 育雏室加热。最好是在远红外线板之间安上一个小风扇，使室内温度均匀，这种加热法耗电量较大，但育雏效果较好。

（7）普通白炽照明灯　普通白炽照明灯也可用来供雏鸡保温，尤其是饲养量较少的情况下，用普通照明灯泡取暖育雏既经济又实用。用木材或纸箱制成长 100 厘米、宽 50 厘米、高 50 厘米的简易育雏箱，在箱的上部开 2 个通气孔，在箱的顶部悬挂两盏 60 瓦的灯泡供热。

除上述方法外，各地亦可根据各自实际酌情选择适宜的加温方式。

2. 喂料器具

无论是采用机械给料还是人工给料，其食槽的形式与规格基本大同小异。制作食槽可选用木板、镀锌板或硬质塑料等。要因地制宜，就地取材，其规格可按鸡而定，大鸡用大槽，育成鸡用中等槽，雏鸡用小槽。

（1）料盘 主要用于开食，其长40厘米，宽40厘米，边缘高2~2.5厘米，每个料盘可饲喂雏鸡30~40只。

（2）长形食槽 槽长1~2米，其槽断面多为"凹"字形、"U"形或"V"字形。

（3）吊桶式圆形食槽 干粉料与颗粒料均可使用。这种食槽由一个没有底的料筒和一个圆槽形浅盘组成，两部分用短链相连，通过调节桶与盘之间的距离控制出料量。使用时将饲料装入桶内悬挂起来供鸡采食。一般食槽的上缘与黑凤鸡的背部应在同一条水平线上，方便黑凤鸡采食，每只黑凤鸡占有槽位是：0~6周龄4~5厘米；7~20周龄5~7厘米；20周龄以上8~10厘米。

3. 饮水器

饮水器有槽式、塔形真空、钟形和乳头式饮水器等，大多由塑料制成。

（1）槽式饮水器 这是目前许多鸡场常用的一种饮水器，深度为50~60毫米，上口宽50毫米。有"V"形和"U"形水槽。供水方式有的采用长流水，有的用浮球阀控制水箱的水位，水箱和水槽相通，使水槽保持一定的水量。水槽每个一般长3~5米，每只黑凤鸡所占水槽长度，一般中雏1~1.6厘米，种鸡3.6厘米。

槽式饮水器制作简单，成本较低，但耗水量较大，易受污染，需定期清洗，过长的水槽又不易调整水平，水槽与水槽之间的胶管容易被异物阻塞。

（2）塔形真空饮水器 它是由一个上部尖顶圆桶和底部比圆桶稍大的圆盘组成。圆桶腰部不漏气，基部离底盘2.5厘米处开1~2个小口。圆桶盛满水后当盘内水位低于小孔时，空气从小孔中进入而水自动流入盘中。当盘中水位高过小孔时，空气进不了桶内而水流不出。

（3）乳头式饮水器 系用钢（铜）或不锈钢制造，由带螺纹的钢（铜）管和顶针开关阀组成，可直接装在水管上，利用重力和毛细管作用控制水滴，使顶针端部经常悬着1滴水。鸡需水时，触动顶针，水即流出；饮毕，顶针阀又将水路封住，不再外流。这种饮水器安装在鸡头上方处，让鸡抬头喝水。安装时要随鸡的大小改变高度。雏黑凤鸡用乳头式饮水器，每个饮水器可供 10~20 只雏黑凤鸡或 3~5 只成年黑凤鸡饮水。

4. 饲料加工设备

现代化、高效益的养殖生产，大多采用配合饲料。因此，各养鸡场必须备有饲料加工设备，对不同饲料原料，在喂饲之前进行一定的粉碎、混合。

（1）饲料粉碎机　一般饲料在加工全价配合料之前，都应粉碎。粉碎的目的主要是提高鸡对饲料的消化吸收率，同时也便于将各种饲料混合均匀和加工成多种饲料（如粉状等）。在选择粉碎机时，要求机器通用性好（能粉碎多种原料），成品粒度均匀，结构简单，使用、维修方便，作业时噪声和粉尘应符合规定标准。

目前生产中应用最普遍的多为锤片式粉碎机，这种粉碎机主要是利用高速旋转的锤片来击碎饲料。工作时，物料从喂料斗进入粉碎室，受到高速旋转的锤片打击和齿板撞击，使物料逐渐粉碎成小碎粒，通过筛孔的饲料细粒经吸料管吸入风机，转而送入集料筒。

（2）饲料混合机　一般配合饲料厂或大型养殖场的饲料加工车间，饲料混合机是不可缺少的重要设备之一。混合按工序大致可分为批量混合和连续混合2种。批量混合设备常用的是立式混合机或卧式混合机，连续混合设备常用的是桨叶式连续混合机。生产实践表明，立式混合机动力消耗较少，装卸方便；但生产效率较低，搅拌时间较长，适用于小型饲料加工厂。卧式混合机的优点是混合效率高，质量好，卸料迅速；其缺点是动力消耗大，一般适用于大型饲料厂。桨叶式连续混合机结构简单，造价较低，适用于较大规模的专业养鸡场使用。

5. 捕捉网

黑凤鸡具有一定的野性，因此养殖黑凤鸡要配制捕捉网。捕捉网是用铁丝制成一个圆圈，上面用线绳结成一个浅网，后面连接上一个木柄，适于捕捉单个黑凤鸡。

6. 网床

采用平养方式的要设置网床进行网上育雏，即在离地面 50~60 厘米高处，架上丝网，把雏鸡饲养在网上。网床由底网、围网和床架组成。网床的大小可以根据育雏舍的面积及网床的安排来设计，一般长为 1.5~2 米，宽 0.5~0.8 米，床距地面的高度为 50~60 厘米。床架可用三角铁、木、竹等制成，床底网可采用 1.25 厘米×1.25 厘米规格网目，在育 0~21 日龄的幼雏时在底网上铺一层 0.5 厘米×0.5 厘米网目的塑料网即可。网床四周应加高度为 40~50 厘米（底网以上的高度）的围网，以防雏鸡掉下网床。

7. 垫料

采用地面育雏的垫料选择应根据当地具体条件而定，原则是不霉，不呈粉末状。

鸡舍内铺设垫料，能保持鸡群健康，有助于种蛋的清洁。小片状的木刨花是理想的垫料，它有良好的吸水性能，并有弹性，不易造成垫料板结。此外，切短的稻草也是良好的垫料，因其两端吸水。为提高稻草作为垫料的利用率，应将其切成 1~2 厘米长为好。其他很多植物产品，只要具备良好的吸水性，均可选作养鸡垫料，如稻谷壳、麦稚、锯木屑、碎玉米、穗芯等。

垫料的使用量应视气温而变，雏鸡群于寒冷气温下饲养，垫料应铺放厚些（5 厘米以上），较暖和季节则垫料厚度可酌减。垫料形态的选用也很重要，特别是雏鸡，过于干燥又呈粉末状的垫料，其尘埃常导致机械性刺激，是引发呼吸道疾病的原因之一。使用此类垫料时，除应适当增高室内湿度（短时间）外，还应在垫料上适量喷些水。但垫料过于潮湿，有可能增加雏鸡球虫病或霉菌病发生的危险。故垫料的物理性质及几何形态也是养鸡、特别是育雏成败的关键之一，应予以重视。

8. 通风换气设备

冬季为了保持良好的空气，夏季为了防暑降温及排出湿气，一般均采用机械设备进行通风。通常，空气由前窗户进入鸡舍，由后墙窗户排出，造成空气对流，以达到通风换气的目的。在冬季窗户关闭，或夏季无风，空气对流缓慢时，舍内空气污浊，则需另外装置通风设施，目前，常采用风扇通风。可在鸡舍后墙装上风扇，使经前窗进入的空气由风扇排出。良好的通风应是进入鸡舍的空气量与排出鸡舍的空气量相等。而排出的空气量又视鸡舍内鸡只数量、体重及气温高低而定。鸡舍的排出风量稍大于进入的风量（负压通风），以达到最佳的换气效果。气流的流动，带走了周围的热量，达到了降温的效果；但在使用机械通风时，要避免进入鸡舍的气流直接吹向鸡群。

9. 光照设施

市场上出售的照明用具有灯泡、日光灯、节能灯、调光灯、定时器和光照自动控制仪等。每 20 米^2 安装一个带灯罩的灯头，每个灯头准备 40 瓦和 15 瓦的灯泡各一个。1～6 日龄用 40 瓦灯泡，7 日龄后用 15 瓦灯泡。用日光灯和节能灯可节约用电量 50% 以上。

10. 清粪设备

鸡粪堆放时间过长或积聚过多，容易放出异味对人和鸡产生毒害作用，且容易使疾病传播。故对鸡粪应及时处理。处理鸡粪的方法有自然干燥、机械或人工清粪等。

机械清粪主要用于机械化程度较高的大型鸡场，它具有清除干净、减轻劳动强度、提高工作效率的特点。地面刮板式除粪机主要由电动机、减速器、卷筒、转角轮、刮板和钢丝绳等组成。刮粪板的形式多种多样，但其原理基本一致。开动电动机作正转和反转各一次，使刮粪板做一次来回移动。它只有向一个方向移动时才能刮粪，反向移动为空行。如果鸡舍较长，常采用分节多刮板清粪。

人工清粪劳动量较大，但工具简单，绝大多数的鸡场和专业户鸡场都采用人工清粪。此外，还有利用水枪的冲力来清粪的，这种方法比较简单而且干净，但需较多量的水，且冲出舍外的鸡粪不便于作有机肥料使用，易造成对环境的污染。

11. 其他用具

（1）围网　选取的场地四周进行围网圈定，围网的面积可以根据鸡只的多少和区域情况确定。围网方式可采取多种方式，如塑料网、尼龙网等，设置的网眼大小和网的高度，以既能阻挡黑凤鸡只钻出或飞出（网高一般 2～3 米）又能防止野兽的侵入为宜。围栏每隔 2～3 米打一根桩柱。将网捆在桩拄上，靠地面的网边用泥土压实。所圈围场地的面积，每个小区面积以 1 000 米^2 为宜。

（2）护板　用木板、厚纸或席子制成。保温伞周围护板用于防止雏黑凤鸡远离热源而受凉。护板高 45～50 厘米，与保温伞边缘距离 70～90 厘米，随日龄的增加可逐渐拆除。

（3）幼雏转运箱　可用纸箱或塑料筐代替，一般高度不低于 25 厘米，如果一个箱的面积较大，可分隔成若干小方块。也可以用木板自己制作，一般长 40 厘米、宽 30 厘米、高 25 厘米。在转运箱的四周钻上通风孔，以增加箱内的空气流通。

（4）集蛋用具　蛋箱、蛋盒或蛋筐。

（5）其他　如注射器、称重器、铁锹、扫帚、粪车、秤、喂料器、喂料车、普通温度计、干湿球温度计等。

三、放养场舍建筑及设备

雏鸡长成育成鸡，生理机能逐渐完善，对温度和外界环境的适应能力也逐渐增强。这时采用圈养方式的可以继续原舍饲养或转到育成舍，采用放养方式的可以把育成鸡转到放养地育成舍进行饲养。

（一）放养场舍建筑

采用放养方式的为了避免再建成年黑凤鸡过夜舍，育成舍的面积可按将来成年黑凤鸡的数量设计，设计时要留有余地，舍内分段利用。育成舍或成年黑凤鸡舍无论建成何种样式棚内都必须配置照明设施。

1. 育成舍（成年黑凤鸡过夜舍）

育成舍用于饲养育成鸡，此期黑凤鸡的生活能力逐渐增强，所以，最基本要求是夏季能通风防热。北方的冬季能防寒保暖，室内要保持干燥。要求因地制宜，建永久式、简易式均可，最好建经济实用型的。这一时期是幼雏长骨架、长肌肉、脱旧羽换新羽且机体各个器官发育成熟的时期，鸡群需要相对多的活动和锻炼，以便将来适应放养。因此，育成舍应用围栏或围网圈有运动场（兼作喂料场），运动场的面积，一般应为鸡舍面积的 2~3 倍。

（1）简易棚舍　在放养区找一背风向阳的平地，用油毡、帆布及茅草等借势搭成坐北朝南的简易鸡舍，可直接搭成金字塔形南边敞门，另外三边可着地，也可四周砌墙，其方法不拘一格。要求随鸡龄增长及所需面积的增加，可以灵活扩展，棚舍能保温，能挡风。只要不漏水、不积水即可。或者用竹、木搭成"人"字形框架，两边滴水檐高 1 米，顶盖茅草，四周用竹片间围，做到冬暖夏凉，鸡舍大小、长度以养鸡数量而定。

（2）砖混型　在放养区边缘找一背风向阳的平地搭建鸡舍（不宜建在昼夜温差太大的山顶和通风不良、排水不便的低洼地），鸡舍的走向应以坐北朝南为主，利于采光和保温，大小长度视养鸡数量而定，四面用砖垒成 1 米高的二四墙，墙根部不要留通气孔，以防鼠或其他小动物钻入鸡舍吃鸡蛋或惊鸡。四周墙上可全部为窗户或用固定的木杆或砖垛当柱子，空的部分用木栅、帆布、竹子或塑料布围起来，可大大降低建设成本，南边留门便于鸡群晚上归舍和人员进出。

鸡舍的建筑高度 2.5~3 米，长度和跨度可根据地势的情况和将来放养鸡晚上休息的占地空间来确定。鸡舍的顶部呈拱型或"人"字形，顶架最好架成钢管结构或硬质的木板，便于有力支撑上覆物防止风吹，顶上覆盖物从下向上依次铺设双层的塑料布、油毛毡、稻草垫子，最外层用石棉网或竹篱笆压实，同时用铁丝在篱笆外面纵横拉紧，以固定顶棚。这样的建筑保暖隔热，挡风又遮雨，冬暖夏凉，且造价低。室内地面用灰土压实或水泥夯实，地面上可以铺上垫料如稻壳、锯末、秸秆等，也可以铺粗沙土，厚度要稍高于棚外周围的地势。

（3）塑料大棚鸡舍 塑料大棚鸡舍就是利用塑料薄膜的良好透光性和密闭性建造鸡舍，将太阳能辐射和鸡体自身散发的热量保存下来，从而提高了棚舍内温度。它能人为创造适应鸡正常生长发育的小气候，减少鸡舍不合理的热能消耗，降低鸡的维持需要，从而使更多的养分供给生产。塑料大棚鸡舍的左侧、右侧和后侧为墙壁，前坡是用竹条、木杆或钢筋做成的弧形拱架，外覆塑料薄膜，搭成三面为围墙、一面为塑料薄膜的起脊式鸡舍。墙壁建成夹层，可增强防寒、保温能力，内径在 10 厘米左右，建墙所需的原料可以是土或砖、石。后坡可用油毡纸、稻草、秫秸、泥土等按常规建造，外面再铺 1 层稻壳等物。一般来讲，鸡舍的后墙高 1.2～1.5米，脊高为 2.2～2.5 米，跨度为 6 米，脊到后墙的垂直距离为 4米。塑料薄膜与地面、墙的接触处，要用泥土压实，防止贼风进入。在薄膜上每隔 50 厘米，用绳将薄膜捆牢，防止大风将薄膜刮掉。棚舍内地面可用砖垫起 30～40 厘米。棚舍的南部要设置排水沟，及时排出薄膜表面滴落的水。棚舍的北墙每隔 3 米设置 1 个 1米×0.8 米的窗户，在冬季时封严，夏季时可打开。门应设在棚舍的东侧，向外开。

（4）利用旧设施改造的鸡舍 利用农舍、库房等其他设备改建鸡舍，达到综合利用，可以降低成本。必须做到通风、保温。一般旧的农舍较矮，窗户小，通风性能差。改建时应将窗户改大，或在北墙开窗，增加通风和采光。舍内要保持干燥。旧的房屋低洼，湿度大，改建时要用石灰、泥土和煤渣打成三合土垫在室内，在舍外开排水沟。

2. 生活区

值班室、仓库、饲料室建在鸡舍旁，方便看管和工作，但要求地势高燥、通风，出水畅通，交通方便。

（二）放养所需设备

1. 食槽

黑凤鸡放养也要补料，可在放养鸡舍内或鸡舍外墙边防雨的地方设置补料桶或食槽，其规格可按鸡而定，大鸡用大槽，育成鸡用中等槽。成年鸡使用的槽长一般多在 1.5～2 米。槽上口 25 厘米，两壁呈直角，壁高 15 厘米，槽口两边镶上 1.5 厘米的槽檐，防止鸡蹲上休息。圆木棒与食槽之间留有 10 厘米左右的空隙，方便鸡头伸进采食。

2. 饮水设备

饮水设备可以采用水槽、水盆或自动饮水设备。在鸡舍周围可以放置饮水器、盆，保证鸡能不费力气就饮到清洁的水。放养期不要把饮水设备放到鸡舍内，要放到鸡舍外墙边防雨的地方。注意每天最好刷洗水槽，清除水槽内的鸡粪和其他杂物，让鸡只饮到干净清洁卫生的水。

3. 栖架

黑凤鸡有登高栖息的习性，因此鸡舍内必须设栖架。栖架由数根栖木组成，栖木可用直径 3 厘米的圆木，也可用横断面为 2.5 厘米×4 厘米的半圆木，以利鸡趾抓住栖木，但不能用铁网或竹架（竹架的弹性很大，鸡又喜欢扎堆生活，时间一长，竹架就会被鸡压变形）。栖架四角钉木桩或用砖砌，木桩高度为 50～70 厘米，最里边一根栖木距墙为 30 厘米，每根栖木之间的距离应不少于 30 厘米。栖木与地面平行钉在木桩上，整个栖架应前低后高，以便清扫，长度根据鸡舍大小而定。栖架应定期洗涤消毒，防止形成"粪钉"，影响鸡栖息或造成趾痛。

也可搭建简易栖架，首先用较粗的树枝或木棒栽 2 个斜桩，然后顺斜桩上搭横木，横木数量及斜桩长度根据鸡多少而定，最下面一根横木距地面不要过近，以避免兽害。

4. 围网

选取的放养场地四周进行围网圈定，围网的面积可以根据鸡只的多少和区域内树木、植被的情况确定。围网可采取多种方式，如塑料网、尼龙网等，设置的网眼大小和网的高度同样也要 2~3 米。围栏同样每隔 2~3 米打一根桩柱，将尼龙网捆在桩柱上，靠地面的网边用泥土压实。鸡可在栏内自由采食，以免跑丢造成损失。运动场是鸡获取自然食物的场所，应有茂盛的果木、树林或花卉，也可以人工种植一些花、草供黑凤鸡采食，树木可供鸡只在炎热的夏季遮荫，有利于防止热应激。

5. 照明系统和补光设施

放养黑凤鸡补光的方式和其他笼养鸡基本相同。根据日照情况确定补光的时间。由于黑凤鸡放养的季节控制在 3 月到 11 月，所以在放养开始时开始补光，补足光照（自然光照 + 补加光照）11 小时，以后每周增加半小时到 1 小时，达到每日 16~16.5 小时为止。补光方式采取每日固定在早上 5 点钟开始补光，一般在天开始黑时（傍晚 6：30~7：30）开灯，利用黑凤鸡的趋光性，让其自己进入舍内。光照一经固定下来，就不要轻易改变。

6. 遮阳避雨和通风设施

鸡的体温比较高。在放养状态下能够主动寻找凉快的树荫避暑，而且可以通过沙浴降温，因此，鸡舍内不需要降温设备。由于鸡舍采用三面围墙的敞棚状，舍内外的空气交换充分，也没有必要安装风机或风扇。

雨季放养黑凤鸡的避雨十分重要，在围栏区内选择地势高燥的地方搭设数个避雨棚，以防突然而来的雷雨。

第三章　中国黑凤鸡的营养

营养是有机体消化吸收食物并利用食物中的有效成分来维持生命活动、修补体组织、生长和生产的全部过程。食物中的有效成分能够被有机体用以维持生命或生产产品的一切化学物质，即通常所称的营养物质或营养素、养分。因此，有机体的营养过程就是营养物质在机体内的代谢过程。营养物质在土壤—植物—动物—人食物链中的流向与转移，不但是农业生产的根本基础，也是农业生产的最终目的。现代农业的最大特点就是营养物质在食物链中的快速和高效转移与回流。要体现这一特点，必须熟悉动物营养的基础理论知识。

第一节　水与黑凤鸡的营养

水是构成黑凤鸡机体的主要组成部分，也是黑凤鸡生命活动中不可缺少的物质，占机体重量的65%左右。水是动物机体赖以生存的重要因素，是血液、细胞间和细胞内基本物质。水作为一种溶剂，保证营养物质的代谢利用和代谢废物的排出；参与机体内物质代谢的水解、氧化、还原等一切生产过程，还参与体温调节，通过控制体液 pH 值、渗透压和电解质浓度维持内环境的相对稳定。同时水也是黑凤鸡鸡蛋的构成成分。

一、水的来源

黑凤鸡鸡体对水的需要可通过饮水、饲料水和代谢水三大途径获得。

（一）饮水

为使黑凤鸡保持最佳生长速度和生产性能，提高饲料利用率，必须保证清洁卫生的饮水。一般情况，鸡的饮水量与其生理状态、生产水平、饲料构成成分、环境温度等有关。在环境温度不至于引起热应激的前提下，饮水量随采食量增加而呈直线上升。在饲喂配合饲料情况下，黑凤鸡的供水量应为采食干物质量的 2.0 ~ 2.5 倍，产蛋鸡需水量增多。

（二）饲料水

饲料水是黑凤鸡获取水的另一个重要来源。各类饲料中均含有水，如幼嫩青绿多汁饲料含水量可高达 90% 以上，成熟的牧草或干草水分低到 5% ~ 7%，配合饲料水分含量一般在 10% ~ 14%。黑凤鸡采食饲料中水分含量越多，饮水越少。

（三）代谢水

代谢水是动物体细胞中有机物质氧化分解或合成过程中所产生的水，又称氧化水，其量在大多数动物中占总摄水量的 5% ~ 10%。不同营养素产生代谢水的程度不同。体内 100 克脂肪、碳水化合物和蛋白质氧化，将分别产生 100 克、60 克和 42 克代谢水。所以，代谢水量很小，不能满足鸡对水的需要。

二、水的流失

黑凤鸡体内的水经复杂的代谢后，通过粪、尿的排泄，肺和皮肤的蒸发，以及产卵等途径排出体外，保持动物体内水的平衡。

（一）粪和尿的排泄

黑凤鸡粪尿在排出肛门之前就已混在一起，所以，排泄物是粪尿的混合物。粪尿的排排水量受总摄水量的影响。摄水量越多，随粪尿排出的水分越多。

（二）肺脏和皮肤的蒸发

肺脏以水蒸气的形式呼出水量，随环境温度的提高和活动量的增加而增加。由皮肤表面失水的方式有两种，一是血管和皮肤的体液中的水分可简单地扩散到皮肤表面蒸发，黑凤鸡以这种方式的失水量可占总排水量的 17% ~ 35%；二是通过排汗失水，排汗量随体温的变化而变化。

（三）经产卵排水

经统计，禽类每产 1 克蛋，排出水 0.7 克左右。一枚 40 克重的蛋，含水 28 克以上。黑凤鸡缺水，产蛋率明显下降。

三、黑凤鸡的需水量及影响因素

黑凤鸡对水的需要比对其他营养物质的需要更重要。在正常情况下，黑凤鸡对水的需水量与采食的干物质量呈一定比例关系。在适宜环境中，鸡每摄入 1 千克干物质，需饮水 2 ~ 3 千克。

影响黑凤鸡需水量的因素很多，主要有以下几点。

（一）生理状态

禽类体蛋白质代谢终产物主要是尿酸，经尿中排出的水较少。生产母鸡经产卵丢失的水分相对比例较大，因此，需水量相对增加。

（二）饲粮因素

在适宜环境条件下，饲料干物质采食量与饮水量高度相关。食入水分十分丰富的牧草时饲料中水分含量可能大于其需要量，黑凤鸡则不需要饮水。食入粗蛋白质含量较高的饲粮，饲粮中食盐或其他盐类的增加，需水量增加。

（三）环境因素

环境温度是影响黑凤鸡需水量的因素之一。当环境温度超过临界温度（14.5～25.5℃）时，黑凤鸡开始喘息，从肺部蒸发的水分增多，饮水量显著增加，采食量降低。随着由肺蒸散水分，肾脏排出的水分也增多，产生软粪。这种机制是黑凤鸡为维持生命在必要的界限内，为维持正常体温所必需的。气温在21℃以上，每上升1℃，饮水量增加7%，由21℃增加到32℃，饮水量增加1倍。产蛋鸡在气温由10℃上升到32℃以上时，饮水量可增加2倍。32℃和37℃饮水量分别为21℃时2倍和2.5倍。

（四）其他因素

黑凤鸡对生理盐水极为敏感，厌恶温水。当日粮中食盐、纤维素和蛋白质增高时，饮水量增加。日粮中加酶制剂和微量元素，饮水量增加。

生产实践中，既要注意供给黑凤鸡的饮水数量，又不能忽视水的质量。饮水要求新鲜、重金属含量不得超过饮用水标准，无病原菌和农药残留。因为不合格的饮水和不能饮用的水会干扰饲料中营养物质的吸收和抗菌药效的发挥，甚至会影响食欲，引起腹泻，严重时使鸡患病甚至死亡。

第二节 蛋白质与黑凤鸡的营养

一、蛋白质的组成和作用

蛋白质是一切生命的物质基础，是细胞的重要组成部分，约占细胞干物质的 50% 以上，蛋白质是机体内功能物质的主要成分，是组织更新和修补的主要原料；蛋白质还可供能和转化为糖和脂肪。蛋白质是一类数量庞大的由氨基酸组成的物质的总称。构成蛋白质的元素主要有碳、氢、氧、氮，大多数还含硫，少数含磷、铁、锌、铜、锰和碘等元素。各种蛋白质的含氮量差异不大，蛋白质的平均含氮量为 16%。

目前，各种生物体中发现的氨基酸已有 180 多种，常见的构成动植物体蛋白质的氨基酸有 20 种。这些氨基酸以不同数量、比例和排列顺序构成动物体与植物体的各种蛋白质。植物可合成所有的氨基酸，而动物不同。动物在有足够氮源与能量供应情况下，体内可合成一些种类的氨基酸，并能满足自身需要，不依赖从外界供应，这些氨基酸被称为非必需氨基酸；有一些氨基酸是动物体内不能合成或合成速率不能满足需要的，必须依赖从外界获取，被称为必需氨基酸。

对黑凤鸡而言，必需氨基酸有 11 种，即蛋氨酸、赖氨酸、色氨酸、精氨酸、组氨酸、亮氨酸、异亮氨酸、苏氨酸，缬氨酸、苯丙氨酸、甘氨酸；还有丝氨酸、胱氨酸和酪氨酸等半必需氨基酸，它们分别可由甘氨酸、苯丙氨酸和蛋氨酸转化而成。用植物性的饲料喂鸡，常不能满足鸡对必需氨基酸的需要，动物性饲料的必需氨基酸含量较高、较平衡，能较好地满足黑凤鸡的需要。

二、蛋白质的消化及吸收

黑凤鸡蛋白的消化起始于腺胃和肌胃，首先盐酸使之变性，在胃蛋白酶、十二指肠胰蛋白酶和糜蛋白酶的作用下，蛋白质分子降解为各种多肽。完整肽被小肠细胞吸收后以肽或氨基酸的形式释放入血液。氨基酸的吸收主要在小肠前2/3的部位进行。被吸收的氨基酸主要经门脉到肝脏，只有少量氨基酸经淋巴转运。

生的大豆及其饼（粕）中含有胰蛋白酶抑制因子，能降低胰蛋白酶及胰凝乳蛋白酶的活性，引起胰腺的肥大，导致饲料蛋白质和能量的利用率降低。热处理能灭活胰蛋白酶抑制因子，但温度过高或时间过长，一些氨基酸的游离氨基与糖的醛基反应形成棕色的氨基糖复合物，而胰蛋白酶不能使其裂解，从而致使氨基酸的消化吸收率下降。

三、蛋白质、氨基酸的代谢及利用

经肠道吸收的氨基酸在体内用于组织蛋白的合成，氨基酸分解提供能量或转化成糖和脂肪。黑凤鸡体内氨基酸的最终降解产物是尿酸。成年鸡每日可排泄4~5克尿酸，甘氨酸是尿酸分子的组成部分，每排出1分子尿酸就损失1分子甘氨酸。因此，黑凤鸡对甘氨酸的需要量较高。虽然黑凤鸡能合成甘氨酸，但合成能量可能不能满足快速生长期的氮排出的需要。因此，在某种程度上，甘氨酸也是黑凤鸡的必需氨基酸。

四、黑凤鸡对蛋白质及氨基酸的需要

蛋白质的营养实际上是氨基酸的营养。因此，黑凤鸡蛋白质需要量的确定以及对饲料营养价值的评定就不再简单以日粮粗蛋白质水平为基础，而是考虑日粮中必需氨基酸的水平以及充足的用于合成非必需氨基酸的氮和其他营养素的含量。

影响黑凤鸡蛋白质及氨基酸需要量的因素包括日龄、环境温度、生理（生产）阶段以及日粮的能量浓度等。

估测生长黑凤鸡的蛋白质和氨基酸需要量可通过两种方法：一是通过饲养试验求出最大生长对蛋白质及某一必需氨基酸的最低需要量；另一种是用析因法来估测出维持、胴体和羽毛生长对蛋白质与氨基酸需要的总和。机体组织蛋白含量一般为 18%，羽毛蛋白质含量为 82% 左右，每千克代谢体重的氮维持需要为 0.2～0.25克，体重越大，维持需要越高。一般来说，对生长黑凤鸡，随周龄和体重的增加，日粮蛋白质和氨基酸的浓度应下降，而能量浓度需要提高，即在生长期内，日粮能量与蛋白的比例应持续上升。

对产蛋黑凤鸡，可根据析因法将其需要剖分为维持需要、生长需要、羽毛生长与更新的需要、产蛋的需要等来估计其对氨基酸和蛋白质的需要量。鸡体组织和鸡蛋中蛋白质的必需氨基酸组成（占蛋白质的比例,%）如表 3-1 所示。

表 3-1　鸡体组织和鸡蛋蛋白质的氨基酸组成　　（%）

氨基酸	鸡肉	鸡蛋	羽毛	氨基酸	鸡肉	鸡蛋	羽毛
精氨酸	7.3	6.4	7.3	蛋氨酸	1.9	3.2	0.5
胱氨酸	2.5	2.2	7.4	苯丙氨酸	3.6	4.7	5.5
组氨酸	4.0	2.3	0.6	苏氨酸	3.4	5.0	4.7
异亮氨酸	3.9	5.0	6.4	色氨酸	1.0	1.4	0.7
亮氨酸	6.5	8.3	8.5	缬氨酸	4.4	6.5	8.9
赖氨酸	9.6	7.1	1.6				

资料来源：Scott 等，1982

通过析因法，对产蛋鸡对蛋氨酸和赖氨酸需要量（毫克/天）的估测如表 3-2 所示。

表 3-2　产蛋鸡对蛋氨酸和赖氨酸需求量　（毫克/天）

项目	蛋氨酸	赖氨酸
维持	31	128
组织生长	14	58

（续表）

项目	蛋氨酸	赖氨酸
羽毛生长与更新	2	6
蛋中沉积（100%产蛋率）	229	483
合计	276	675
利用率	76%	84%
日粮浓度	360	800

资料来源：Scott 等，1982

也可用预测方程进行计算，如蛋氨酸需要量（毫克/天）＝ $5W_E + 50W_B + 6.2\Delta W_g$。式中 W_E 为蛋重，W_B 为体重，ΔW_g 为机体日增重。如一只体重 1.5 千克蛋鸡产蛋量 56 克/天，日增重 4 克，那么每日对蛋氨酸需求为 380 克。也可通过饲养试验估测，但估测结果可能因所选用指标（如产蛋率、饲粮转化率等）的不同而略有差异。

环境温度对产蛋黑凤鸡对日粮蛋白质水平需要有明显的影响，由于采食量及能量需要的变化，一般在冬季可适当降低，而在夏季则要适当提高日粮蛋白水平，在夏季加大日粮蛋能比，而在冬季应减小蛋能比。

五、饲料中蛋白质品质及限制性氨基酸

饲料中的蛋白质是不能被动物完全消化和代谢利用的。一定饲料或日粮的某一种或几种必需氨基酸的含量低于动物的需要量，而且由于它们的不足限制动物对其他必需氨基酸和非必需氨基酸的利用的氨基酸被称为限制性氨基酸，其中，缺乏最严重的被称为第一限制性氨基酸，其余按相对缺乏程度被称为第一、第二、第三、第四……限制性氨基酸。喂黑凤鸡的饲料中最常缺乏的必需氨基酸依次为蛋氨酸、赖氨酸、苏氨酸、精氨酸、缬氨酸和色氨酸。它们的不足会限制其他氨基酸和蛋白质的利用，降低其利用效率，导致较多的氮从粪便中排出，造成蛋白质饲料的浪费，也严重污染环境。根据大量研究结果，在氨基酸平衡较好的情况下，饲料蛋白质水平

降低 2～3 个百分点对动物的生产性能无明显影响，且可减少随粪尿（以氨、尿素、尿酸或其他含氮物形式）排出的氮量。有试验表明，粗蛋白质每降低 1%，总氮的排出量约减少 8%。

不同饲料的合理搭配，使蛋白质有良好的互补作用，也能提高饲料的营养价值。蛋白质的互补作用实质上就是氨基酸的互补作用。如肉类中的组氨酸、精氨酸可补充鱼类中不足的部分，大豆的赖氨酸可补充玉米中的不足部分。

常年以动物内脏为主要日粮容易引起动物摄入色氨酸的不足。因此，在产蛋期应适当搭配鱼类饲料。

第三节 脂肪与黑凤鸡的营养

一、脂类的概念

脂类是不溶于水而溶于有机溶剂如乙醚和苯的一类有机物。脂类可分为两类：可皂化脂类和非皂化脂类。可皂化脂类包括简单脂类及复合脂类，非皂化脂类包括固醇类、类胡萝卜素及脂溶性维生素类。脂类的主要结构单元分子包括甘油、油酸、软脂酸和胆碱。

甘油三酯是动物体内贮存能量的主要形式，主要参与能量代谢。1 克脂肪可以产生约 39.6 千焦热能，而 1 克碳水化合物完全燃烧产热为 17.2 千焦热能。甘油三酯平均含有代谢能为 30～40 千焦/克，比通常的饲料多 1～2 倍。

脂肪由不同长度和结构的脂肪酸及一个甘油分子组成。根据其脂肪酸的个数分别命名为甘油一酯、甘油二酯、甘油三酯。脂肪酸碳链的碳原子数从 2～24 个或更多，其碳链末端有一个羧基基团。如果每个碳原子都有氢原子饱和，则该脂肪酸称为饱和脂肪酸。如果碳链中含有一个或多个双键，则该脂肪酸称为不饱和脂肪酸。在不饱和脂肪酸中，有些脂肪酸在动物机体内不能合成，必须由饲料供给，这些脂肪酸称为必需脂肪酸。亚油酸、亚麻酸和花生四烯酸是黑凤鸡的必需脂肪酸。

二、脂肪的消化与吸收

十二指肠是脂肪消化与吸收的主要部位，脂肪与其他养分的机械分离在胃中就开始，初步的乳化在胃中及十二指肠中就已经开始，进一步的乳化是在与胆汁接触之后，因为胆汁中的胆酸、牛磺胆酸和糖胆酸都具有洗涤剂的特性。乳化后的小颗粒在胰脂肪酶的作用下水解。

脂肪吸收的主要形式的甘油一酯和脂肪酸，少量甘油二酯可被吸收。约30%的游离脂肪酸直接被吸收入血液。其余的脂肪酸和甘油一酯被吸收后在肠道黏膜上皮细胞内重新合成甘油三酯，并重新形成脂蛋白后进入毛细血管，汇入肝门静脉，转运往全身各组织。在肝脏中，用以合成机体需要的各类物质，或在脂肪组织中被储存起来，或用以供能，产生能量、二氧化碳和水。黑凤鸡淋巴系统发育不健全，所以，脂类基本上都经门脉血转运。

在生长鸡和蛋鸡体内，空肠是主要的脂肪吸收场所，也有部分是在回肠被吸收。93%的胆酸可被小肠吸收。雏鸡在出壳后的第1周对日粮玉米油和牛脂的吸收比在出壳后第8天至第15天的吸收能力弱。

三、脂肪的生物合成

在禽类，脂肪酸和甘油的合成主要在肝脏。脂肪合成过量则沉积于肝中，产生脂肪肝。脂肪组织起储存脂肪的作用。合成脂肪酸的原料来源于葡萄糖、降解的脂肪及某些氨基酸的降解产物，如乙酰辅酶A。胰岛素和甲状腺激素是最重要的两种调节脂类合成代谢的激素。

产蛋鸡和青年鸡代谢病中都会出现脂肪肝，营养不平衡或缺乏营养是主要病因。

四、脂肪的营养生理功能

脂肪对黑凤鸡的营养价值生理功能主要有以下几个方面。

（一）构成黑凤鸡机体组织

脂类是黑凤鸡机体多种组织细胞的组成成分。黑凤鸡组织的任何细胞均含有脂类，主要集中在细胞外膜和细胞内各种细胞器膜上，统称生物膜。例如，磷脂和糖脂就是动物细胞膜的重要成分。大豆中含有丰富的磷脂，可作为动物重要的磷脂来源。

（二）给黑凤鸡提供必需脂肪酸

黑凤鸡机体所需要的必需脂肪酸，如亚油酸、亚麻酸和花生四烯酸，通常情况下鸡体本身不能合成，必须从饲料中摄取。其中，亚油酸是最重要的必需脂肪酸。黑凤鸡如果缺乏，则抵抗力减弱，发生皮炎，出现角质鳞片，生长停滞，繁殖力降低，日粮含有一定脂类，则可为其提供各种必需脂肪酸，预防脂类营养代谢性疾病的发生。

（三）作为脂溶性维生素的溶剂

脂溶性维生素 A、维生素 D、维生素 E 和维生素 K 等在调节动物机体生理代谢中具有很重要的作用。然而，这些物质是脂溶性的，它们只能在脂溶状态下才能被动物吸收、运送到机体各部位发挥其正常生理功能。日粮中如果长期脂肪含量多低，则往往导致动物患脂溶性维生素缺乏病。有研究发现，当鸡日粮中含 0.07% 脂类时，胡萝卜素吸收率仅 20%，日粮脂类增加到 4% 时，吸收率提高到 60%。

（四）为动物机体提供和贮存能量

饲料中的脂类是含能量最高的一类营养物质。无论是来自饲料或机体代谢产生的游离脂肪酸，都是动物生产和维持代谢所需要的重要能源。正常生理条件下，1克脂肪酸在机体内完全氧化分解可产热39克左右，是蛋白质和碳水化合物产热的2.25倍。有研究表明，日粮中的脂类作为动物机体功能物质，其热增耗最低，脂类的消化能、代谢能转换为净能的利用效率比蛋白质和碳水化合物的净能利用效率高5%～10%。脂肪是热的不良导体，贮存于动物皮下的脂肪，构成一道隔热层，可有效阻止体内物质代谢所产热量的散失，以利于动物维持其正常体温。

此外，脂肪组织具有弹性，附着在内脏器官和肠系膜上，动物随意奔跑、跳跃等，脂肪组织可起到缓冲润滑内脏器官的作用。存在于骨关节部位的脂肪，亦具有润滑剂的功能，避免运动摩擦造成骨组织损伤。

五、黑凤鸡对脂肪的需要与利用

黑凤鸡对脂肪和必需脂肪酸的生理需要量取决于很多内在和外在的因素，在其研究上存在一定方法上的困难。研究主要集中在制定饲粮脂肪的添加量和亚油酸的适宜含量。当脂肪提供的能量达到仔鸡饲料代谢能的20%～30%及产蛋鸡饲料代谢能的15%～20%时，能够获得最高的生产力和饲料利用率。按照推荐标准，仔鸡日粮含5%～8%，产蛋鸡日粮含3%～5%的饲用脂肪即可。

日粮中亚油酸的水平是黑凤鸡全价营养的最重要的检验指标之一。为了获得最高的产蛋率、蛋的受精率和孵化率，日粮中亚油酸的含量应为饲料量的1%～1.5%，而为了蛋禽获得最大的蛋重，日粮中亚油酸含量应为饲料量的1.5%～2%。

种蛋中亚油酸的含量能影响出壳雏禽的生长和生活力。只要种蛋中亚油酸含量足够，即使日粮中亚油酸缺乏，仔鸡也能正常生长到 2 ~ 3 周。

第四节　碳水化合物与黑凤鸡的营养

一、碳水化合物及其种类

在动物日粮中，碳水化合物占大部分，在常规分析体系中，包括无氮浸出物及粗纤维。无氮浸出物是易消化的细胞壁碳水化合物部分，"粗纤维"是难消化的部分。可消化碳水化合物是黑凤鸡重要的能量来源，还是合成脂肪及非必需氨基酸的原料。碳水化合物由碳、氢、氧 3 种元素组成，基本结构单元是 CH_2O，各不同碳水化合物分子的组成结构可用（CH_2O）n 这一通式描述。少数碳水化合物不符合这一结构规律，甚至还含有氮、硫等其他元素。在营养方面较重要的碳水化合物主要有单糖、低聚糖和多糖。

多糖可分为营养性多糖和结构多糖。营养性多糖主要是淀粉与糖原，而结构多糖主要是植物细胞壁的构成物质，包括纤维素、半纤维素、果胶和木质素。不同种类不同生长期的植物的细胞壁组成物质的种类和含量不同，纤维素占 20% ~ 60%，半纤维素占 10% ~ 40%，果胶占 1% ~ 10%。

麦芽糖和纤维二糖分别是淀粉和纤维素的基本结构单元。麦芽糖由两分子 $\alpha - D -$ 葡萄糖以 $\alpha - 1$，4 糖苷键连接组成，纤维二糖由两分子 $\alpha - D -$ 葡萄糖以 $\beta - 1$，4 糖苷键连接组成。

大多数淀粉是直链淀粉和支链淀粉的混合物，直链淀粉完全由葡萄糖以 $\alpha - 1$，4 糖苷键形成，而支链淀粉通常在直链上有由 $\alpha - 1$，6 糖苷键产生的分支，在每一支链内仍以 $\alpha - 1$，4 糖苷键相连接。在植物中，淀粉呈颗粒状。块根（茎）中的淀粉颗粒表现不溶性，难被动物消化，只有在熟化后才能被动物利用。

纤维素、果胶及大部分半纤维素只能被微生物消化利用。木质素不是碳水化合物，因常与纤维素及半纤维素紧密结合在一起，故常与碳水化合物一起讨论。木质素加强纤维的硬度，是植物强有力的支撑结构物质。只在植物生长成熟后才出现在细胞壁中，含量为5%～10%。

禾谷籽实（如玉米、高梁籽实、小麦和大麦）是黑凤鸡碳水化合物的主要来源，其碳水化合物主要是淀粉。

二、碳水化合物的消化吸收

碳水化合物的消化就是高分子聚合物的逐步水解，直到基本的单糖产生为止。碳水化合物分解酶有两类，包括多糖酶和寡糖酶。

淀粉酶是多糖酶，分解植物淀粉和动物糖原。寡糖酶水解三糖如棉籽糖，二糖如麦芽糖、蔗糖和乳糖等。纤维素可被纤维素酶水解。

非淀粉多糖大量存在于麦类饲料中，大部分非淀粉多糖具有抗营养特性，增加食糜黏滞度，干扰营养素的利用。由于 β-葡聚糖使食糜胶样化，鸡只的排泄物过黏、垫草的持水力加大，这样易造成腿关节和胸部疾病，黏粪也易污染禽蛋，降低产品商品合格率。在这些饲料中添加 β-葡聚糖酶，可提高日粮代谢能水平、增加肉仔鸡采食量，提高生长速度。

三、碳水化合物的代谢利用

体内循环的碳水化合物主要是葡萄糖，但还有来自植物饲料的果糖、半乳糖、甘露糖、木糖和核糖等。所有的糖都以磷酸化的形式进入代谢，如糖酵解途径、三羧酸循环及磷酸戊糖循环等途径。

葡萄糖是动物体内主要的能源，其转运媒介是血液。血中葡萄糖的浓度通常维持在较窄的范围内，禽类为每100毫升130～260毫克。

在动物采食过多的碳水化合物后，不能被当做能量利用的多余的葡萄糖合成糖原，贮存在肝脏。以糖原形式贮存的葡萄糖是有限的，如果摄入的葡萄糖的量超过了能量生成和合成糖原的量，则转变成脂肪。动物体内脂肪合成场所是肝脏和脂肪组织，在黑凤鸡主要是在肝脏。此外，葡萄糖降解的中间产物还可用做合成非必需氨基酸的碳架。

四、碳水化合物的营养生理作用

（一）供能贮能作用

碳水化合物在动物体内是热能的主要来源。动物为了生存及活动需要进行一系列的运动，如肌肉运动以及体内各种器官的正常活动，包括心脏的跳动、肺脏的呼吸、肠的蠕动和血液循环等。这些活动均需要热能的供应，而这些热能主要靠饲料的碳水化合物。1克碳水化合物在动物体内氧化分解平均可产生 17.36 千焦的热能。

（二）构成机体的物质

碳水化合物是构成黑凤鸡机体组织器官的物质之一，它普遍存在于机体各种组织中。如半乳糖和类脂肪是神经组织的必需物质，果糖存在于大多数动物精子中，葡萄糖醛酸是细胞膜和分泌物中多糖的基本组成成分，黏多糖大量存在于动物体胶原、结蹄组织和黏液中，如眼睛玻璃液、关节液、软骨、骨、皮、弹性组织中。透明质酸具有高度黏性，对润滑关节、保护机体器官组织免受强烈震颤对生理功能的影响。硫酸软骨素在软骨中起结构支持作用。广泛存在于动物血、肾、黏液、骨黏膜、激素、酶、胶原和结蹄组织中的糖蛋白有多种复杂的生理功能。

（三）调整肠道微生态

一些寡糖类碳水化合物在黑凤鸡消化道中不易水解，因为肠道消化酶系中没有相应的分解酶，但它们可作为能源刺激肠道有益微生物的增殖，同时还由于阻断有害菌通过植物凝血素对肠黏膜细胞的黏附，改善肠道乃至整个机体的健康，促进生长，提高饲料利用率。

（四）维持肠道的正常结构和功能

禽类对粗纤维的消化率在 5% ~ 20%。大量平衡试验表明粗纤维对于蛋白质和矿物质的利用有副作用。一般认为，家禽日粮中的粗纤维含量应低于 7%，但少量的粗纤维对于家禽肠道具有正常结构和功能是必需的。

第五节　能量与黑凤鸡的营养

一、能量的来源

碳水化合物、脂肪和蛋白质是黑凤鸡维持生命和生产所需的主要能量来源。黑凤鸡的产品如毛、肉、脂肪、蛋等均为物质能量代谢的产物。珍禽从饲料中摄取各种营养物质和能量，一部分供给维持生命活动，剩余部分通过复杂的生物化学变化转变为各种产品。可以毫不夸张地讲，能量支配着整个生命。俗话说"动物为能而死，为能而生"。

饲料能值常用氧弹测热器测定，也可以根据饲料中碳水化合物、脂肪和蛋白质含量与能值进行估算。能量的单位曾用卡（cal）、千卡（kcal）或兆卡（Mcal）来表示。近年采用焦（J）、千焦（kJ）和兆焦（MJ）表示。卡与焦之间的换算关系为：

1 卡（cal）= 4.1868 焦（J）

1 千卡（kcal）= 4.1868 千焦（kJ）

1 兆卡（Mcal）= 4.1868 兆焦（MJ）

所有供能物质都含有一定能量。被禽类消化吸收的脂肪及碳水化合物的能量价值与它们在测热器中燃烧后被测得的热值大致相等，而蛋白质的能量价值却远低于燃烧值，那是因为有一部分能量以尿酸的形式从尿中排出。1 克蛋白质总能为 23.8 千焦，有效能值仅为 17.2 千焦。碳水化合物和脂肪的能值分别为 16.7 千焦和 37.7 千焦。

总能（GE）：鸡全天进食饲料所含有的能量，也就是食入能。

消化能（DE）：总能在鸡消化道中被消化的能量，是饲料总能与粪能之差。消化能（DE）= 总能（GE）－粪能（FE）

粪能（FE）：饲料中未被消化而随粪便排出的能量。

尿能（UE）：蛋白质所含能量在体内不能全部被氧化，尿能是一些没有被氧化而含于尿酸中随尿排出的能量。

代谢能（ME）：饲料中消化能和尿能的差值。由于没有排出肠道脱落黏膜、残余消化液及微生物细胞所含有的能量，此处所说的代谢能实际是表观代谢能。代谢能（ME）= 消化能（DE）－尿能（UE）

禽类的粪尿均由泄殖腔排出，不能分别测定粪能和尿能，实际操作中常把粪能和尿能合并计算。所以，禽的饲养标准和饲料营养成分表中均用代谢能表示能量。

净能（NE）：用于维持正常的生理活动和生产活动的能量。是代谢能和热增耗的差值。净能（NE）= 代谢能（ME）－热增耗（HI）

二、能量的利用效率

禽类随饲料食入的总能，并不能全部转化成产品中的能量，其能量的利用效率依营养物质不同有较大差异。据测定，饲料代谢能占总能的大致比例为：谷实类 62% ~84%，豆类 60% ~70%，动物性饲料类 64% ~72%，糠麸类 45% ~68%，块根块茎类 55% ~75%，饼粕类 52% ~65%，草粉、叶粉类 14% ~40%。代谢能转化为净能的效率：碳水化合物为 71% ~75%，蛋白质为 60% ~68%，脂肪为90%。

三、影响能量需要的因素

黑凤鸡所需要的能量受日龄、生理阶段和环境温度等因素的影响。

由于生长鸡随年龄的增大，体脂含量上升，故生长鸡日粮中代谢能浓度宜随年龄的增大而增加。鸡的饲料转化效率、生长速度及胴体脂肪含量与日粮能量水平呈正相关关系。

鸡的生理阶段不同，需要的能量也有差异。肉仔鸡比蛋鸡和种鸡日粮中能量含量要高；同时体重越大，所需的能量越多，体重越小，所需的能量越少；生产性能越高，需要能量越多，反之则越少。

环境温度可影响鸡体内代谢强度。环境温度低，鸡体代谢速率加快，以便产生足够的热量来维持体温，这样就需要从饲料中摄取更多更好的能量；温度适宜，维持需要的能量较少；温度太高，鸡会以喘气散发体内多余的热量，这样也需要额外的能量消耗。一般讲，产蛋鸡的适宜环境温度为18~24℃，外界环境每改变1℃，蛋鸡维持代谢所需的能量每千克代谢体重每日要改变8千焦。低温环境下鸡的能量消耗比适宜环境温度增加20%~30%。

四、应用能量指标时应注意的问题

在鸡的日粮配合中，能量指标是首先考虑的项目，能量蛋白比也是需要密切关注的问题。

能量蛋白比即每千克日粮中所含代谢能与粗蛋白质之比。鸡有根据日粮能量浓度调节采食量的能力，日粮浓度高，鸡的采食量相对较小，反之则较多。这样在日粮干物质固定、蛋白质含量一定的情况下，鸡采食的蛋白质数量随采食量的变化而增减。在功能上能量和蛋白质不能相互代替，如果鸡进食的蛋白质太少，必定会影响鸡的生长和生产，所以，要求日粮中能量和蛋白质比例要合适。能量含量高，蛋白质含量也要高；能量含量低，日粮中的蛋白质含量也相应要低一些。这样，鸡通过调节采食量来采食适当的能量和蛋白质。

鸡虽然具有根据日粮浓度调节采食量的本能，但这种调节功能也有一定限度，超出限度会有不良影响。能量太低，会使鸡生长速度减慢，胴体脂肪减少，体重减轻。持续严重缺乏，会导致鸡衰竭死亡。一般讲，寒冷季节日粮能量浓度不低于 10.88 兆焦/千克，温暖季节不低于 10.04 兆焦/千克。能量太多，体内脂肪增加，同时由于采食高能量日粮，采食量减少致使蛋白质的进食量也相对较少，不能满足鸡的生长和生产需要，致使生长速度减慢，生产性能降低。能量严重过剩，会导致蛋白质、矿物质和维生素缺乏，并伴有相应并发症，导致生长和生产停止。

一般情况下，黑凤鸡可处于 3 种能量水平，即半饥饿水平、维持水平和生产水平。半饥饿水平是动物处于入不敷出的状态。消耗体内的营养物质首先消耗体内的糖贮备，然后消耗体脂肪，最后消耗体蛋白。动物日渐消瘦，长期下去，生命难以维持，更谈不上任何生产能力了。除非迫不得已，动物在生产中不应处于这种状态。

黑凤鸡很少处于维持状态，即如成年动物体重恒定，实际上体组织也时刻在更新，成龄动物休闲或非生产期仍处于恢复与贮备状态。因此，对于动物饲养具有实际意义的能量水平，乃是在其他营养物质获得保证的前提下，能发挥不同生产力的相应能量水平。

第六节　维生素与黑凤鸡的营养

维生素是存在于天然食物或饲料中，不同于蛋白质、碳水化合物、脂肪、矿物质和水，既不能供给能量，也不能形成动物体的结构物质；含量少但为正常组织的健康发育、生长和维持所必需，主要以辅酶和催化剂的形式参与代谢过程中的生化反应，保证细胞结构和功能的正常。动物机体不能合成维生素（烟酸、胆碱和维生素 C 除外），须由日粮提供。大多数动物肠道微生物能合成多种维生素，但禽类消化道短，合成量极为有限。当日粮中缺乏或吸收利用不良时，会导致特定的缺乏症。维生素及其功能很多是通过治疗缺乏症发现的。

维生素分为脂溶性维生素和水溶性维生素两大类。脂溶性维生素由碳、氢、氧 3 种元素组成，而某些水溶性维生素分子中还含有氮、硫或钴。动物体内，脂溶性维生素与脂肪一起消化吸收，妨碍脂肪吸收的因素或条件也不利于脂溶性维生素的消化吸收。脂溶性维生素在体内可储存和积累，因此，脂溶性维生素（维生素 A 和维生素 D）的供给量过多会导致蓄积过量；除钴胺素以外的其他水溶性维生素并不在体内储存，过量的维生素可从尿中排出，因此，其毒性较小。

一、脂溶性维生素

脂溶性维生素共包括维生素 A、维生素 D、维生素 E 和维生素 K 4 种。

（一）维生素 A

维生素 A 是一组生物活性物质的总称，包括视黄醇、视黄醛、视黄酸、脱氢视黄醇。维生素 A 的结晶呈浅黄色，在光和空气中易氧化。维生素 A 只存在于动物体中，植物中不含有维生素 A，但含有维生素 A 原——胡萝卜素。

植物中多种类胡萝卜素在动物体内都可以不同程度地转变成维生素 A，其中 β-胡萝卜素的生物活性最高。在禽类，β-胡萝卜素只相当于 1/2 的维生素 A 活性，其他类胡萝卜素相当于 1/4 的维生素 A 活性。

1 国际单位的维生素 A 相当于 0.30 微克视黄醇，0.344 微克维生素 A 醋酸酯，0.549 微克维生素 A 棕榈酸酯，0.6 微克 β-胡萝卜素。

维生素 A 能维持上皮细胞的正常生长与结构，若维生素 A 不足，会引起上皮组织干燥和角质化，生殖上皮角化，可引起繁殖机能障碍。维生素 A 缺乏导致禽类产蛋量下降、种蛋受精力降低；胚胎血液循环系统发育障碍，孵化 48 小时后发生胚胎死亡，肾、眼及骨骼异常，孵化率下降。

禽类维生素 A 的需要量一般为 1 000 ~ 5 000 国际单位。维生素 A 过量易引起中毒。中毒主要表现为食欲减退，采食量下降，生长减慢，眼水肿，嘴及鼻腔黏膜发生炎症；骨骼强度降低，变形。

维生素 A 在鱼肝油、牛奶、卵黄、血、肝和鱼粉中含量丰富。青绿饲料、优质青干草、胡萝卜等均富含胡萝卜素。黄玉米中含有玉米黄素，它在动物体内也可起胡萝卜素的作用。

（二）维生素 D

天然的维生素 D 主要是维生素 D_2（麦角钙化醇）和维生素 D_3（胆钙化醇）。维生素 D_2 仅存在于植物性饲料中，维生素 D_3 存在于动物组织中。禽类的尾脂腺油含有 7-脱氢胆固醇，分泌到羽毛上受到紫外线的照射，随后被摄入口中。

1 国际单位维生素 D 相当于 0.025 微克胆钙化醇的活性。

小肠是维生素 D 的主要吸收部位，在胆盐和脂肪存在的条件下被动扩散进入肠细胞。维生素 D 及代谢产物在血浆中以与清蛋白或球蛋白结合的形式进行转运。维生素 D 及其代谢产物主要从粪中排出。

维生素 D 缺乏，生长鸡生长受阻，羽被不良，严重缺乏则发生佝偻症。产蛋鸡缺乏维生素 D 引起产蛋量下降，孵化率降低，骨骼脆弱，蛋壳质量差，壳薄而脆。维生素 D 易被氧化破坏。

禽类对维生素 D 的需要量受日粮钙、磷营养水平的影响，有研究指出，当日粮中钙、磷含量分别为 1.0% 和 0.7% 时，小鸡需要维生素 D（3 200）国际单位/千克；而当钙、磷含量为

0.5%和0.7%时，小鸡需要维生素D_3 800国际单位/千克；当钙、磷含量为0.5%和0.5%时，小鸡需要维生素D_3高达1 700国际单位/千克。

（三）维生素E

维生素E是具有D-α-生育酚活性的所有生育酚和生育三烯酚的总称。1国际单位维生素E相当于1毫克DL-生育酚醋酸酯。维生素E的吸收依赖于脂肪和胆汁酸盐的存在。

动物组织中维生素E的沉积量与组织脂肪含量正相关。

维生素E在动物机体内起催化作用和抗氧化作用，它与硒协同保护多种不饱和脂肪酸，从而维持细胞膜的正常脂质结构。维生素E是维持骨骼肌、心肌、平滑肌及外周血管系统的构造和功能所必需的，对生殖机能都有影响，如促进性腺的发育、调节性激素代谢等。

维生素E耐热耐酸，但对光、氧、碱敏感，易被破坏。在新鲜脂肪、小麦芽、豆油、蛋黄、肝、牛肉和马肉中维生素E的含量较丰富。维生素E的营养作用需要硒的存在才能很好地发挥。

禽类维生素E缺乏症在生长鸡表现脑软化症、渗出性素质，肌肉营养障碍，免疫抗病力下降；在成鸡主要表现为繁殖性能下降；孵化期由于血液循环障碍及出血，在孵化的84～96小时出现胚胎早期死亡现象。

禽类对日粮中维生素E水平的需要随日粮中不饱和脂肪酸、氧化剂、维生素A、类胡萝卜素和微量元素的增加而增加，随脂溶性抗氧化剂、含硫氨基酸和硒水平的提高而减少。禽类对维生素E的需要量一般为5～30毫克。日粮含维生素E 100毫克/千克可增进免疫功能；为了增进抗应激能力，延长肉品货架期，日粮维生素E含量需达到200毫克/千克。耐受剂量为需要量的100倍。

（四）维生素K

维生素K，又叫"凝血维生素"、"抗出血维生素"，它是动物凝血系统功能的正常必不可少的。

维生素 K 以多种形式存在。来源于植物的维生素 K 为维生素 K_1（叶绿醌），微生物合成的为维生素 K_2，人工合成的维生素 K_3 为甲萘醌的衍生物。在生物活性方面，维生素 K_3：维生素 K_1：维生素 K_2 = 4：2：1。维生素 K_1 主要储存于肝脏，但储留时间不太长；维生素 K_3 几乎分布于全身，且很快排泄。

维生素 K 缺乏的主要临床症状是：血中凝血酶原含量下降，血液凝固机能受破坏。新生雏鸡血液中凝血酶原含量仅有成年鸡的44% 左右，因为很易受维生素 K 缺乏的威胁。临界缺乏状态常引起小的出血瘢疤，部位可能是胸部、腿部、翅、腹部以及肠的表面，或为原发性或为受伤引起。种鸡维生素 K 营养不良，种蛋维生素 K 贮备不足时，胚胎在孵化 18 天至出雏期间因各种不明原因出血而导致死亡。

在患球虫病时，因禽类摄食量减少，维生素 K 的摄入减少；另外，食用大量抗生素与磺胺药物后抑制肠道微生物，减少了微生物合成的维生素 K 等原因，鸡在患球虫病时对维生素 K 的需要量增加。

禽类对维生素 K 的需要量一般为每千克饲料 0.5 ~ 1.0 毫克。其最大安全剂量是需要量的 500 倍左右。

二、水溶性维生素

目前，已确定的水溶性维生素共有 10 种，主要包括 B 族维生素和维生素 C。

（一）硫胺素（维生素 B_1）

硫胺素由 1 分子嘧啶和 1 分子噻唑通过一个甲基桥结合而成，含有硫和氨基，故称硫胺素。能溶于 70% 乙醇和水，受热、遇碱迅速被破坏。酵母、禾谷籽实及副产物、饼粕料及动物性饲料中含量丰富。

硫胺素主要在十二指肠吸收，在体内少量贮存，多余的迅速从尿中排出。

禽类缺乏硫胺素表现为食欲差、憔悴、消化不良、瘦弱及外周神经受损引起的症状，如多发性神经炎、角弓反张、强直和频繁的痉挛等。

禽类对硫胺素的需要一般为每千克饲粮 1～2 毫克。对于大多数动物，硫胺素的中毒剂量是需要量的数百倍，甚至上千倍。

（二）核黄素（维生素 B_2）

核黄素也叫维生素 B_2，呈橙黄色晶体，可溶于水和醇，不溶于乙醚、氯仿和丙酮等有机溶剂，易溶于稀酸和强碱。对热稳定，遇光易分解成荧光色素。绿色植物的叶片富含核黄素，动物性饲料中含量较高，油籽饼（粕）中含量丰富，禾谷籽实及其加工副产物中含量较低。动物体内的核黄素主要存在于肝脏，占体贮的 $1/3$。从体内的排出途径主要是尿，形式是游离核黄素。

禽类核黄素缺乏症主要是跗关节着地，爪内曲（卷爪麻痹症），生长鸡生长受阻，腹泻，低头、垂尾、垂翅。

蛋鸡产蛋量下降，种蛋孵化率低，胚胎发育不全，羽毛出现结节状绒毛。入孵第 2 周死亡率高，胚胎在孵化的 60 小时，14 天及 20 天的死亡严重。

（三）维生素 B_6

维生素 B_6 包括吡哆醇、吡哆胺和吡哆醛，三者的生物活性相同。维生素 B_6 是易溶于水和醇的无色晶体，对热、酸、碱稳定，对光敏感而易被破坏。

动植物饲料中含有丰富的维生素 B_6，禾谷籽实的维生素 B_6 主要存在于糠麸中。热加工或储存时间太长会导致维生素 B_6 形成复合物，使其利用率降低 $10\%～50\%$。肌肉是动物体内维生素 B_6 的主要储存库。维生素 B_6 的排泄途径是尿。

雏鸡维生素 B_6 缺乏时表现为生长缓慢、翅羽毛囊附近皮肤出血；羽毛蓬乱；还可观察到鸡兴奋、食欲下降；体弱、痉挛至死亡。成年鸡维生素 B_6 缺乏症表现为：体重、产蛋率下降，种蛋在孵化过程中出现胚胎早期死亡，孵化率下降。禽类对维生素 B_6 的需要量，一般为每千克日粮 2~5 毫克。

维生素 B_6 的需要量受日粮蛋白质水平的影响，日粮蛋白质水平越高，鸡只对维生素 B_6 的需要量越高。

（四）泛酸

泛酸是泛解酸和 β-丙氨酸组成的一种酰胺类似物，是一种淡黄色的油状物，吸湿性很强；易被酸、碱和热破坏。

泛酸广泛存在于动植物饲料中，酵母、米糠和麦麸是良好的泛酸来源，米糠和麦麸的泛酸含量比相应的谷物中泛酸的含量高 2~3 倍。玉米 – 豆粕型日粮容易缺乏泛酸。

饲料中的泛酸有游离态和结合态（辅酶 A）两种，只有游离的泛酸能被动物吸收。被吸收的泛酸主要从尿中排出。

禽类泛酸缺乏症主要是生长速度下降，饲料利用率降低。肝脏肿大，羽被粗糙卷曲，喙、眼及肛门边、爪间及爪底的皮肤裂口发炎；眼睑出现颗粒状细小结痂；胫骨短粗。泛酸缺乏对产蛋无明显影响，但种蛋孵化率下降，在孵化第 14 天出现死亡。

禽类对泛酸的需要量一般为每千克日粮 10~30 毫克。

（五）生物素

饲料中绝大多数的生物素以与赖氨酸或蛋白质结合状态存在，不同饲料中的生物素的利用率不同。结合态的生物素不能被动物直接利用，在肠道中需经酶的作用释放出游离的生物素。生物素主要在小肠被吸收，被吸收的生物素在体内以与生物素结合蛋白结合的形式进行转运。

生鸡蛋蛋白中的抗生物素蛋白和变质饲料中存在的链霉菌抗生物素蛋白与生物素结合使其不可利用。玉米、粟中生物素易被鸡利用，但麦类中的利用率很低。以玉米豆粕为基础的鸡饲料中需添加生物素 50～30 毫克/吨，而对小麦或大麦为基础的日粮则需提高到 250 毫克/吨。禽类食用以小麦或大麦为基础的日粮则易缺乏生物素。

禽类生物素缺乏时爪底、喙边及眼睑周围裂口变性发炎，溜腱症与胫骨粗短症是禽类生物素缺乏的典型症状。

禽类对生物素的需要量一般为每千克日粮 100～300 微克。

（六）尼克酸

尼克酸是吡啶的衍生物，它很容易转变成尼克酰胺。尼克酸和尼克酰胺都是白色、无味的针状结晶，溶于水，耐热。

尼克酸的吸收部位是在胃及小肠上段，代谢产物主要经尿排出。

禽类尼克酸缺乏，主要表现为生长缓慢，口腔症状类似犬的黑舌病，羽毛不丰满、偶尔也见鳞状皮炎。雏禽可发生跗关节扩张。

尼克酸广泛分布于饲料中，但谷物中的尼克酸利用率低。动物性产品、酒糟、发酵液以及油饼类含量丰富。谷物类的副产物、绿色的叶子，特别是青草中含量较多。

禽类对尼克酸的需要一般为每千克饲粮 10～50 毫克。每日每千克体重摄入的尼克酸超过 350 毫克可引起中毒。

（七）叶酸

叶酸由一个蝶啶环、对氨基酸苯甲酸和谷氨酸缩合而成，也叫蝶酰谷氨酸。它是橙黄色的结晶粉末，无臭无味。

叶酸广泛分布于动植物产品中。绿色的叶片和肉质器官、谷物、大豆以及其他豆类和多种动物产品中叶酸的含量都很丰富。禽类因肠道合成有限和利用率较低的缘故，需由饲粮提供叶酸。

禽类对叶酸的需要量一般为每千克饲料 0.3～0.55 毫克。叶酸可认为是一种无毒性的维生素。

（八）维生素 B_{12}

维生素 B_{12} 是一个结构最复杂的、唯一含有金属元素（钴）的维生素，故又称钴胺素。呈暗红色结晶，易吸湿，可被氧化剂、还原剂、醛类、抗坏血酸、二价铁盐等破坏。自然界的维生素 B_{12} 只在动物产品和微生物中发现，植物性饲料基本不含。饲料中的维生素 B_{12} 通常在回肠吸收。

禽类缺乏维生素 B_{12} 最明显的症状是生长受阻，继而表现为步态的不协调和不稳定。孵化率降低，新孵出的雏禽表现为骨异常，类似骨短粗症。

禽类对维生素 B_{12} 的需要量为每千克饲料 3~20 微克。维生素 B_{12} 的中毒剂量至少是数百倍于需要量。

（九）胆碱

胆碱是 β-羟乙基三甲基羟化物，常温下为液体、无色，有黏滞性和较强的碱性，易吸潮，也易溶于水。

自然界存在的脂肪都含有胆碱。胆碱主要在空肠和回肠吸收。

禽类缺乏胆碱比较典型的症状是骨粗短。通常雏禽和产蛋禽需要补充胆碱。

禽类对胆碱的需要一般为每千克饲料 400~1300 毫克。其耐受量为需要量的 2 倍。

（十）维生素 C（抗坏血酸）

维生素 C 是一种含有 6 个碳原子的酸性多羟基化合物，因能防治坏血病而又称为抗坏血酸。它是一种无色的结晶粉末，加热很容易被破坏。结晶的抗坏血酸在干燥的空气中比较稳定，但金属离子可加速其破坏。

柑橘类水果、番茄、绿色蔬菜、马铃薯和大多数的水果都是维生素 C 的重要来源。在高温、寒冷、运输等逆境和应激状态下，以及饲粮中能量、蛋白质、维生素 E、硒和铁不足时，动物对抗坏血酸的需要大大增加。抗坏血酸缺乏可引起非特异性的精子凝集，以及叶酸和维生素 B_{12} 利用不力导致贫血。

动物对抗坏血酸的需要一般都没有规定。抗坏血酸的毒性很低，动物一般可耐受需要量的数百倍，甚至上千倍的剂量。

第七节　矿物质与黑凤鸡的营养

矿物元素是动物营养中的一大类无机营养素。现已确认动物体组织中含有约 45 种矿物元素。但是并非动物体内的所有矿物元素都在体内起营养代谢作用。目前证明动物一般都需要钙、磷、钠、钾、氯、镁、硫、铁、铜、锰、锌、碘、硒、钼、钴、铬、氟、硅、硼等 19 种矿物元素。这类元素在体内具有重要的营养生理功能：有的参与体组织的结构组成，如钙、磷、镁以其相应盐的形式存在，是骨和牙齿的主要组成部分；有的作为酶（参与辅酶或辅基的组成）的组成成分（如锌、锰、铜、硒等）和激活剂（如镁、氯等）参与体内物质代谢；有的作为激素组成（如碘）参与体内的代谢调节等；还有的元素以离子的形式维持体内电解质平衡和酸碱平衡，如钠离子、钾离子、氯离子等。

必需矿物元素必须由外界供给，当外界供给不足，不仅影响生长或生产，而且引起动物体内代谢异常、生化指标变化和缺乏症。在缺乏某种矿物元素的饲粮中补充该元素，相应的缺乏症会减轻或消失。

必需矿物元素和有毒有害元素对动物而言是相对的。一些矿物元素，在饲粮中含量较低时是必需矿物元素，在含量过高情况下则可能是有毒有害元素。在 20 世纪 70 年代以前，把硒归类为有毒有害元素，因为在动物的饲粮中硒含量超过 5~6 毫克/千克会导致动物中毒。但是，当饲粮硒缺乏时，既影响动物的生长或生产，又出现典型的缺乏症，所以它又是必需矿物元素。其他的矿物元素如砷、铅、氟等，一般情况下都称为有毒有害元素，但现在已发现这些元素具有一定营养生理功能，出现了实验性的缺乏症，因此这些矿物元素可能也是动物必需的矿物元素。矿物元素按动物体内含量或需要不同分成常量矿物元素和微量矿物元素两大类。常量矿物元素一般指在动物体内含量高于0.01%的元素，主要包括钙、磷、钠、钾、氯、镁、硫等7种。微量矿物元素一般指在动物体内含量低于0.01%的元素，目前，查明必需的微量元素有铁、锌、铜、锰、碘、硒、钴、钼、氟、铬、硼等12种。铝、钒、镍、锡、砷、铅、锂、溴等8种元素在动物体内的含量非常低，在实际生产中几乎不出现缺乏症，但实验证明可能是动物必需的微量元素。

体内矿物元素存在形式多种多样，但主要是与蛋白质及氨基酸相结合的形式存在，也有以游离状态存在。不管以任何形式存在或转运，都始终保持动态平衡，这些矿物元素在体内不断地进行着吸收、排出、沉积和分解，即矿物质的周转代谢。这是矿物元素在体内代谢的重要特征。各种矿物元素进入组织器官或从组织器官分解、排泄都必须经过血液，因此，血液在矿物元素周转中起着重要的作用。

饲料中的矿物元素一般都以化合物的形式存在。不同来源和不同化学形式的矿物元素在体内的吸收利用率差异很大。

对一般的天然饲料而言，由于动物对矿物元素的需要量和在饲料中的含量不同，动物缺乏程度也不同。在现代生产条件下，缺乏的矿物元素一般用矿物质添加剂补足。

水中的矿物元素含量对动物的健康和生产影响很大，最容易导致动物矿物元素摄入过量，出现中毒，严重者导致死亡，影响生产。水中最容易出现中毒的矿物元素是动物需要量极低或不需要的元素，这些元素主要是硒、砷、铅、汞、氟。因此，保证水质非常重要。

一、常量元素

（一）钙、磷

钙、磷是体内含量最多的矿物元素，平均占体重的 1% ~2%，其中 98% ~99% 的钙、80% 的磷存在于骨和牙齿中，其余存在于软组织和体液中。骨中钙约占骨灰的 36%，磷约占 17%。正常的钙∶磷是 2∶1 左右，由于动物种类、年龄和营养状况不同，钙磷比也有一定变化。

血液中钙几乎都存在于血浆中。血钙正常含量每 100 毫升 9 ~12 毫克，但鸡在产蛋期要高 3 ~4 倍。血钙分别以离子、蛋白质或其他物质结合存在于血液中，以这 3 种形式存在的钙量分别占总血钙的 50%、45% 和 5%。血磷含量较高，一般在每 100 毫升 35 ~45 毫克，主要以 $H_2PO_4^{-1}$ 的形式存在于血细胞内。而血浆中磷含量较少，一般在每 100 毫升 4 ~9 毫克，生长动物稍高，主要以离子状态存在，少量与蛋白质、脂类、碳水化合物结合存在。

钙、磷的吸收受很多因素影响。第一，溶解度对钙、磷吸收起决定性作用，凡是在吸收细胞接触点可溶解的，不管以任何形式存在都能吸收；第二，钙、磷与其他物质的相互作用对吸收影响也较大，在肠道大量存在铁、铝和镁时，这些物质可与磷形成不溶解的磷盐降低磷的吸收率；第三，钙磷本身的影响，钙、磷之间比例不合理（高钙低磷或低磷高钙）也可抑制钙磷的吸收。

钙、磷主要经粪和尿两个途径排泄。正常情况下所有动物的钙均经粪排出。

钙在动物体内具有以下生物学功能。第一，作为动物体结构组成物质参与骨骼和牙齿的组成，起支持保护作用；第二，通过钙控制神经传递物质释放，调节神经兴奋性；第三，通过神经体液调节，改变细胞膜通透性，使钙离子进入细胞内触发肌肉收缩；第四，激活多种酶的活性；第五，促进胰岛素、儿茶酚氨、肾上腺皮质固醇，甚至唾液等的分泌；第六，钙还具有自身营养调节功能，在外源钙供给不足时，沉积钙（特别是骨骼中）可大量分解供代谢循环需要，此功能对产蛋禽十分重要。

在所有矿物质元素中磷的生物功能最多。第一，与钙一起参与骨骼和牙齿结构组成，保证其结构的完整性；第二，参与体内能量代谢，是三磷酸腺苷和磷酸肌酸的组成成分，这两种物质是重要的供能、贮能物质，也是底物磷酸化的重要参加者；第三，促进营养物质的吸收，磷以磷脂的方式促进脂类物质和脂溶性维生素的吸收；第四，保证生物膜的完整，磷脂是细胞膜不可缺少的成分；第五，磷作为重要生命遗传物质 DNA、RNA 和一些酶的结构成分，参与许多生命活动过程，如蛋白质合成和动物产品生产。

钙、磷的适宜需要和供给量受多种因素的影响。其中，维生素 D 的影响最大。维生素 D 是保证钙、磷有效吸收的基础，供给充足的维生素 D 可降低动物对钙、磷比的严格要求，保证钙、磷有效吸收和利用。长期舍饲的动物，特别是高产奶牛和蛋鸡，因钙、磷需要量大，维生素 D 显得更重要。

动物对钙、磷有一定的耐受力，在一般情况下，由于过量直接造成中毒很少见，但超过一定限度可降低生产成绩。过量钙与其他营养素之间的相互作用则可造成有害影响。

（二）镁

动物体约含 0.05% 的镁，其中 60%～70% 存在于骨骼中，占骨灰分的 0.5%～0.7%。骨镁 1/3 以磷酸盐形式存在，2/3 吸附在矿物质元素结构表面。存在于软组织中镁约占总体镁的 30%～40%，主要存在于细胞内亚细胞结构中，线粒体内镁浓度特别高，细胞质中绝大多数镁以复合形式存在，其中，30% 左右与腺苷酸结合。

镁作为一个必需元素有如下功能：第一，参与骨骼和牙齿组成；第二，作为酶的活化因子或直接参与酶组成，如磷酸酶、氧化酶、激酶、肽酶和精氨酸酶等；第三，参与 DNA、RNA 和蛋白质合成；第四，调节神经肌肉兴奋性，保证神经肌肉的正常功能。

非反刍动物需镁低，约占饲粮 0.05%，一般饲料均能满足需要。

禽类缺镁主要表现：厌食、生长受阻、过度兴奋、痉挛和肌肉抽搐，严重的导致昏迷死亡。

（三）钠、钾、氯

体内钠、钾、氯的主要作用：作为电解质维持渗透压，调节酸碱平衡，控制水的代谢；钠对传导神经冲动和营养物质吸收起重要作用；细胞内钾与很多代谢有关；钠、钾、氯可为酶提供有利于发挥作用的环境或作为酶的活化因子。

3 种元素主要的吸收部位是十二指肠，其次是胃、小肠后段和结肠（主要是钠）。动物每天从消化道吸收的钠、钾、氯中，内源部分是外源部分的数倍之多。

进入体内的钠，90% ~ 95% 经尿排出体外，部分也可通过粪便、皮肤、汗腺、奶和蛋等排泄。钾和氯的排泄与钠类似。

各种动物饲料钠都较缺乏，其次是氯，钾一般不缺。产蛋鸡缺钠，易形成啄癖，同时也伴随着产蛋率下降和蛋重减轻，但不同品种鸡生产力下降程度不同。

（四）硫

动物体内约含 0.15% 的硫，大部分以有机硫形式存在于肌肉组织、骨和齿中，少量以硫酸盐的形式存在于血中。有些蛋白质如毛、羽等含硫量高达 4% 左右。

硫的吸收比较有效。无机形式的硫主要在回肠以易化扩散方式吸收，也可能存在简单扩散吸收；有机硫基本按含硫氨基酸吸收机制转运吸收，主要吸收部位在小肠。

吸收入体内的无机硫基本上不能转变成有机硫，更不能转变成含硫氨基酸，动物都能利用无机硫合成黏多糖。

硫主要经粪和尿两种途径排泄。由尿排泄的硫主要来自蛋白质分解形成的完全氧化的尾产物或经脱毒形成的复合含硫化合物，尿中硫氮比比较稳定。

自然条件下硫过量的情况少见。用无机硫作添加剂，用量超过 0.3%～0.5%时，可能使动物产生厌食、失重、便秘、腹泻、抑郁等毒性反应，严重时可导致死亡。

二、微量元素

（一）铁

各种动物体内含铁 30～70 毫克/千克，平均 40 毫克/千克。

铁主要的营养生理功能：第一，参与载体组成、转运和贮存营养素，血红蛋白是体内运载氧和二氧化碳最主要的载体，肌红蛋白是肌肉在缺氧条件下做功的供氧源，转铁蛋白是铁在血中循环的转运载体，结合球蛋白及血红素结合蛋白是把红血球溶解释放出的血红素转运到肝中继续代谢的载体，铁蛋白、血铁黄素和转铁蛋白等是体内的主要贮铁库。第二，参与体内物质代谢。二价或三价铁离子是激活参与碳水化合物代谢的各种酶不可缺少的活化因子，铁直接参与细胞色素氧化酶、过氧化物酶、过氧化氢酶、黄嘌呤氧化酶等的组成来催化各种生化反应，铁也是体内很多重要氧化还原反应过程中的电子传递体。

动物消化道吸收铁的能力较差，吸收率只有 5%～30%，但在缺铁情况下可提高到 40%～60%。十二指肠是铁的主要吸收部位，各种动物的胃也能吸收相当数量的铁。大多数铁以螯合或以转铁蛋白结合的形式经易化扩散吸收。

铁周转代谢大部分是内源铁的反复循环代谢，进入体内的铁一般反复参与合成与分解循环 9～10 次才排出体外。铁主要经粪排泄。吸收后的铁排泄很慢。粪中内源铁量少，主要是随胆汁进入肠中的铁。

缺铁的典型症状是贫血。禽对饲粮中铁的耐受量 1 000毫克/千克。

（二）锌

禽体内含锌在 10～100 毫克/千克范围内，平均 30 毫克/千克。

锌作为必需微量元素主要有以下营养生理作用：第一，参与体内酶组成。已知体内 200 种以上的酶含锌，在不同酶中，锌起着催化分解、合成和稳定酶蛋白质四级结构和调节酶活性等多种生化作用；第二，参与维持上皮细胞和皮毛的正常形态、生长和健康，其生化基础与锌参与胱氨酸和黏多糖代谢有关，缺锌使这些代谢受影响，从而使上皮细胞角质化和脱毛；第三，维持激素的正常作用；第四，维持生物膜的正常结构和功能。

禽类锌的吸收主要在小肠，吸收率 30%～60%。锌的吸收主要受以下 3 方面因素的影响。第一，体内锌含量、体锌平衡状态和吸收细胞内束缚锌的物质对锌的吸收起调节作用；第二，饲粮因素也影响锌吸收；第三，机体状况，当动物处于应激状况时，降低锌的吸收。

吸收的锌与血浆清蛋白结合，通过血液循环转运到各组织器官。代谢后的锌主要经胆汁、胰液及其他消化液从粪中排泄。

皮肤不完全角质化症是动物缺锌的典型表现。生长鸡缺锌，表现严重皮炎，脚爪特别明显，骨可能发育异常。

（三）铜

动物体内平均含铜 2～3 毫克/千克，其中，约 1/2 在肌肉组织中。

铜的主要营养生理功能有 3 个方面。第一，作为金属酶组成部分直接参与体内代谢。这些酶包括细胞色素氧化酶、尿酸氧化酶、氨基酸氧化酶、酪氨酸酶、赖氨酰氧化酶、苄胺氧化酶、二胺氧化酶、过氧化物歧化酶和铜兰蛋白质等；第二，维持铁的正常代谢，有利于血红蛋白合成和红细胞成熟；第三，参与骨形成。铜是骨细胞、胶原和弹性蛋白形成不可缺少的元素。

消化道各段都能吸收铜，但主要部位是小肠，吸收的铜主要与铜兰蛋白结合，少量与清蛋白和氨基酸结合转运到各组织器官。

内源铜主要经胆汁由肠道排泄。消化道其他部位和肾也排泄少量内源铜。

禽类自然条件下基本上不出现缺铜症状，只有在纯合饲粮或其他特定饲粮条件下才可能出现缺铜。缺铜可表现贫血。

（四）锰

动物体内含锰低，为 0.2～0.3 毫克/千克。

锰的主要营养生理作用是在碳水化合物、脂类、蛋白质和胆固醇代谢中作为酶活化因子或组成部分。此外，锰是维持大脑正常代谢功能必不可少的物质。

消化道吸收细胞都能吸收锰，但主要在十二指肠。锰的吸收率为 5%～10%。影响锰吸收的因素很多。锰的来源对吸收影响较大，鸡对大豆饼、棉籽饼中的锰吸收 70% 左右，而对菜籽饼中的锰只能吸收 50% 左右。

进入吸收细胞内的锰以游离形式或与蛋白质结合形成复合物转运到肝。氧化态锰与转铁蛋白结合后再进入循环，由肝外细胞摄取。

锰代谢主要经胆汁和胰液从消化道排泄，经小肠黏膜上皮和肾排出一部分。

黑凤鸡缺锰可导致采食量下降、生长减慢、饲料利用率降低、骨异常、共济失调和繁殖功能异常等。骨异常是缺锰典型的表现。禽类缺锰产生滑腱症（或叫骨短粗症）和软骨营养障碍。滑腱症的主要表现为：胫骨和跖骨之间的关节肿大畸形，胫骨扭向弯曲，长骨增厚缩短，腓长肌腱滑出骨突，严重者不愿走动，不能站立，甚至死亡。

锰过量可引起黑凤鸡生长受阻、贫血和胃肠道损害，有时出现神经症状。

（五）硒

体内含硒 0.05～0.2 毫克/千克。

硒最重要的营养生理作用是参与谷胱甘肽过氧化物酶组成，对体内氢或脂过氧化物有较强的还原作用，保护细胞膜结构完整和功能正常。

硒的主要吸收部位是十二指肠，少量在小肠其他部位吸收。正常饲粮条件下黑凤鸡对硒的吸收率比其他微量元素要高。

鸡缺硒主要表现渗出性素质和胰腺纤维变性。实际生产中缺硒具有明显地区性。我国从东北到西南的狭长地带内均发现不同程度缺硒。

硒的毒性较强，长期摄入 5～10 毫克/千克硒可产生慢性中毒，其表现是消瘦、贫血、关节强直、脱毛和影响繁殖等。摄入 500～1 000 毫克/千克硒可出现急性或亚急性中毒，轻者盲目蹒跚，重者死亡。我国湖北恩思和陕西紫阳（属高硒地区）可能出现自然条件下的硒中毒。

（六）碘

动物体内平均含碘 0.2～0.3 毫克/千克，分布全身组织细胞，70%～80%存在于甲状腺内，是单个微量元素在单一组织器官中浓度最高的元素。

碘作为必需微量元素最主要功能是参与甲状腺组成，调节代谢和维持体内热平衡，对繁殖、生长、发育、红细胞生成和血液循环等起调控作用。体内一些特殊蛋白质（如皮毛角质蛋白质）的代谢和胡萝卜素转变成维生素 A 都离不开甲状腺素。

碘在消化道各部位都可吸收。以碘化物形式存在的碘吸收率特别高。吸收入血的碘以 I^- 形式存在，易被甲状腺摄取，在甲状腺内先氧化成 I，再与甲状腺球蛋白质中的酪氨酸残基结合成碘化甲状腺球蛋白质，最后经水解释放出具有激素活性的 T_3、T_4，通过血液循环进入其他组织起作用。进入器官中的甲状腺素 80%被脱碘酶分解，释放出的碘循环到甲状腺重新用于合成。

碘主要经尿排泄。

动物缺碘，因甲状腺细胞代偿性实质增生而表现肿大，生长受

黑凤鸡高效养殖技术

阻，繁殖力下降。禽对碘的耐受剂量为 300 毫克/千克。

（七）钴

钴是动物营养中一个比较特殊的必需微量元素。动物不需要无机态的钴，只需要体内不能合成、存在于维生素 B_{12} 中的有机钴。体内钴的营养代谢作用，实质上是维生素 B_{12} 的代谢作用（维生素 B_{12} 部分介绍）。

（八）铬

体内铬分布较广，浓度很低，铬吸收率很低，为 0.4% ~ 3%。六价铬比三价铬易吸收。

铬的营养生理作用主要有：一是与尼克酸、甘氨酸、谷氨酸、胱氨酸形成有机螯合物（也叫葡萄糖耐受因子），具有类似胰岛素的生物活性，对调节碳水化合物、脂肪和蛋白质代谢有重要作用；二是有助于动物体内代谢，抵抗应激影响。内源铬主要经尿排泄。少量经胆、毛、汗（有汗腺动物）排泄。

第八节　营养物质的消化和吸收

一、蛋白质的消化和吸收

黑凤鸡对饲料蛋白质的消化主要是消化道分泌蛋白消化酶对蛋白质的水解过程，饲料中的蛋白质首先在胃中经受胃蛋白酶和盐酸的作用，部分蛋白质降解为多肽和少量游离的氨基酸，这些分解产物连同未经消化的蛋白质一同进入小肠进一步消化为游离的氨基酸和少量的肽。在上述的消化过程中，胃液的作用较小，只有 20% 的饲料蛋白质的消化是在胃部进行的。胰蛋白酶在单胃动物蛋白消化过程起着主要作用。在胃和小肠，未经消化的饲料蛋白质经由大肠以粪的形式排出动物体外，其中部分蛋白质可降解为吲哚、粪臭素、酚、硫化氢、氨和氨基酸，细菌虽可利用氨和氨基酸合成菌体蛋白，但最终还是随粪排出。单胃动物主要以氨基酸的形式吸收利用蛋白质，其吸收部位为小肠，主要是十二指肠。

二、脂肪的消化吸收

黑凤鸡对脂肪的消化主要是在小肠中通过胰脂肪酶的作用进行的。胃中的酸性环境不利于脂肪的乳化。所以在胃中脂肪不易消化。脂肪在小肠中，在胰液和胆汁的作用下，胰脂肪酶与胆盐配合将脂肪水解后释放出游离脂肪酸和单酰甘油酯。磷酸和固醇也在胆盐存在下与磷脂酶和固醇酯酶配合而发生水解。脂肪酸不溶解于水，但它可以与胆盐结合形成水溶性微团，当到达十二指肠和空肠主要吸收部位时，又被破坏而离析。胆盐滞留于肠道中，而游离脂肪酸和单酸甘油酯透过细胞膜而被吸收。

三、碳水化合物的消化与吸收

黑凤鸡对碳水化合物的消化主要依靠糖和淀粉酶解后的葡萄糖，消化道中分解碳水化合物的酶主要有淀粉酶、乳糖酶、麦芽糖酶及蔗糖酶等。

淀粉的消化部位主要在小肠。淀粉经淀粉酶和麦芽糖酶水解为葡萄糖后被肠壁吸收和利用。

在小肠中未被水解的淀粉转移至盲肠和结肠时被细菌分解产生挥发性脂肪酸和气体。挥发性脂肪酸被机体吸收利用，而气体由肛门排出体外。

饲料中的纤维素和半纤维素主要依靠结肠和盲肠中的细菌发酵将其分解产生挥发性脂肪酸及气体，挥发性脂肪酸可被肠壁吸收利用，气体再排出体外。

第四章　黑凤鸡的饲料

　　饲料是指能提供给动物所需要的某种或多种营养物质的天然或人工合成的可食物质。我国《饲料工业通用术语》对饲料的定义为：能提供饲养动物所需养分、保证健康、促进生长和生产且在合理使用下不发生有害作用的可食物质。黑凤鸡在不同的生长阶段，需要含有不同养分的饲料，其饲养标准目前还缺乏详细资料。可参照家禽饲喂标准，选用颗粒饲料喂养，1月龄内的小鸡用小鸡料喂养，2~5月龄鸡用中鸡料或大鸡料喂养，种鸡可选用蛋鸡料或种用鸡全价饲料。也可以参照相关配方自行配制。

第一节　黑凤鸡常用饲料种类

一、饲料原料的分类和命名

　　全世界可用作饲料的原料多种多样，包括人类食品生产的副产品有2 000种以上。因此，对饲料进行系统的、准确的分类和命名是饲料生产商品化的必要要求。国际饲料分类以各种饲料干物质中的主要营养特性为基础，将饲料分为八大类，并对每类饲料冠以6位数的国际饲料分类编码（IFN），编码分3级，表示为△－△△－△△△。IFN的第1位数代表饲料归属的类型，第2、第3位数为该饲料所属的亚类，后3位数为同种饲料根据不同的饲用部分、加工方法、成熟阶段、茬次、等级和质量保证等进行编号。国际饲料分类法将饲料分为 8 种类型，分别是：粗饲料（IFN：1-00-000）、青绿饲料（IFN：2-00-000）、青贮饲料（IFN：3-00-000）、能量饲料（IFN：4 – 00000）、蛋白质补充料（IFN：5-00-000）、矿物质饲料（IFN：6-00-000）、维生素饲料（IFN：7-00-000）、非营养性添加剂饲料（IFN：8-00-000）（表 4 – 1）。

表 4 – 1　饲料国际分类法及其限制条件

饲料编号	饲料归类	水分含量（%）	干物质纤维含量（%）	干物质粗蛋白质含量（%）
1 – 00 – 000	粗饲料	<45	≥18	不考虑其含量
2 – 00 – 000	青绿饲料	≥60	不考虑其含量	
3 – 00 – 000	青贮饲料	≥45		
4 – 00 – 000	能量饲料	<45	<18	<20
5 – 00 – 000	蛋白质饲料	<45	<18	>20
6 – 00 – 000	矿物质饲料	包括工业合成的及天然单一矿物质饲料等		
7 – 00 – 000	维生素饲料	指工业或提纯的单一或复合维生素		
8 – 00 – 000	添加剂	指非营养性添加剂，如防腐剂、抗氧化剂、抗生素等		

中国饲料分类法在国际饲料分类原则的基础上，结合中国传统饲料分类习惯划分为 17 亚类，对每类饲料冠以 7 位数的中国饲料编码（CFN），编码分 3 节，表示为 △-△△-△△△△。首位为 IFN，第 2 位、第 3 位为 CFN 亚类编号，第 4 位至第 7 位为顺序号。中国饲料分类法包括的饲料亚类分别是：① 青绿饲料；② 树叶类；③ 青贮饲料；④ 块根、块茎、瓜果类；⑤ 干草类；⑥ 农副产品类；⑦ 谷实类饲料；⑧ 糠麸类饲料；⑨ 豆类饲料；⑩ 饼（粕）类饲料；⑪ 糟渣类饲料；⑫ 草籽树实类饲料；⑬ 动物性饲料；⑭ 矿物质饲料；⑮ 维生素饲料；⑯ 饲料添加剂；⑰ 油脂类饲料及其他。

二、粗饲料（1 – 00 – 000）

凡干物质中粗纤维含量在 18% 或以上的饲料。包括干草类、农副产品类、树叶类、糟渣类等。

（1）干草　优良的干草饲料可消化粗蛋白含量应在 12% 以上。草粉是配合黑凤鸡饲料的一种重要成分。

（2）秸秆类　可饲用的有稻草、玉米秸、麦秸、豆秸、谷草等。秸秆类饲料通常要搭配其他粗饲料混合粉碎饲喂。

（3）秕壳类　它是农作物籽实脱壳后的副产品，营养价值的高低随加工程度的不同而不同。

三、青绿饲料（2－00－000）

凡天然水分含量在 45% 或以上的青绿饲料、树叶类以及非淀粉质块根、块茎及瓜果类，不考虑折干后的粗纤维和粗蛋白质含量。

青绿多汁饲料水分含量高，水分含量一般大于 60%。青绿饲料含水量高，陆生植物的水分含量为 75%~90%，而水生植物的水分含量大约为 95%。因此，青绿饲料的热能值低，粗蛋白质含量为 1.5%~3%。青饲料干物质中粗纤维不超过 30%，叶菜类干物质不超过 15%，无氮浸出物为 40%~50%。植物开花或抽穗之前，粗纤维含量较低。矿物质占青绿饲料鲜重的 1.5%~2.5%，它的钙磷比例较适宜。胡萝卜素为 50~80 毫克/千克，维生素 B_6 很少，缺少维生素 D。青干苜蓿中维生素 B_2 为 6.4 毫克/千克，比玉米籽实高 3 倍。青饲料与由它调制的干草可以长期单独组成草食动物的日粮。

青饲料堆放时间长，保管不当，会发霉腐败，或者在锅里加热，或煮后闷在锅里过夜，都会促使细菌将硝酸盐还原为亚硝酸盐。如青饲料在锅里煮熟，闷在锅里保存 24~48 小时，亚硝酸盐的含量可达到 200~400 毫克/千克。

四、青贮饲料（3－00－000）

用新鲜的天然植物性饲料调制成的青贮及加有适量糠麸或其他

添加物的青贮饲料，也包括水分含量在 45% ~ 55% 的低水分青贮（半干青贮）。

青贮是调制和贮藏青饲料的有效方法，青贮饲料能有效地保存青绿植物的营养成分。一般青绿植物，在成熟和晒干之后，它的营养价值降低 30% ~ 50% ，但经过青贮后，营养成分只降低 3% ~ 10% 。1 米^2 的青贮窖能贮藏 450 ~ 700 千克青贮饲料。

五、能量饲料（4 - 00 - 000）

干物质中粗纤维含量在 18% 以下，同时粗蛋白质含量在 20% 以下，水分含量小于 45% 的饲料，包括禾本科籽实及其加工副产品糠麸类、淀粉质块根、块茎及瓜果类和它们的加工副产品糟渣类。一般每千克饲料干物质中含消化能在 10.46 兆焦以上。

（1）谷实类饲料　无氮浸出物占干物质的 71.6% ~ 80.3% ，其中主要是淀粉。谷实类饲料赖氨酸和蛋氨酸含量不足，分别为 0.31% ~ 0.69% 与 0.16% ~ 0.23% ；谷实类饲料中含钙量低于 0.1% ，而磷的含量可达 0.31% ~ 0.45% ，这种钙磷比例对任何黑凤鸡是不适宜的。另外谷实类饲料中还缺乏维生素 A 和维生素 D，因此，在应用这类饲料时特别要注意钙的补充，必须与其他优质蛋白质饲料配合使用。粉碎的玉米如水分高于 14% 时则不适宜长期储存，时间长了容易发霉。在高粱中含有单宁，有苦味，在调制配合饲料时，色深者只能加到 10% 。

（2）糠麸类饲料　包括碾米、制粉加工的主要副产品，常用糠麸类饲料有稻糠、麦麸、高粱糠、玉米糠和小米糠。

（3）块根块茎及瓜类饲料　包括胡萝卜、甘薯、木薯、甜菜、甘蓝、马铃薯、菊芋块茎、南瓜等。根类、瓜类水分含量高达 75% ~ 90% ，干物质中无氮浸出物含量高达 67.5% ~ 88.1% 。南瓜中核黄素含量可达 13.1 毫克/千克，甘薯（地瓜）、南瓜中胡萝卜素含量能达到 430 毫克/千克。马铃薯块茎干物质中 8.0% 是淀粉，可作为黑凤鸡的能量饲料。

六、蛋白质饲料（5-00-000）

凡干物质中粗纤维含量在 18% 以下，粗蛋白质含量在 20% 或以上，水分含量小于 45% 的饲料，包括植物性的豆类籽实、油料籽实及其加工副产品饼粕类和部分果实类籽实加工的副产品，动物性蛋白质饲料、单细胞蛋白及非蛋白氮饲料。

（1）植物性蛋白质饲料 包括饼粕类饲料、豆科籽实及一些加工副产品。饼粕类中常见的有大豆饼类、花生饼、芝麻饼、向日葵饼、胡麻饼、棉籽饼和菜籽饼等。

大豆饼粕中有抗胰蛋白酶，但不耐热，在适当水分下经加热即可分解，它的有害作用即可消失，加热过度会降低赖氨酸和精氨酸的活性，同时亦会使胱氨酸遭到破坏。

（2）动物性蛋白质饲料 包括畜禽和水产副产品等。此类饲料蛋白质中赖氨酸含量高，但蛋氨酸含量较低。血粉虽然蛋白质含量高，但缺乏异亮氨酸，大约占干物质的 0.99%。粗灰分、B 族维生素含量高，尤其是维生素 B_2、维生素 B_{12} 含量很高。在黑凤鸡日粮配合中起着重要的作用。

鱼类饲料是黑凤鸡的主要饲料来源之一。鱼肉中的蛋白质可分为肌球蛋白、肌蛋白和溶性肌蛋白纤维等 3 种，其中容易变质的是肌蛋白，贮存在 -18℃ 以下时较为稳定，有些鱼类的内脏和鳃里面含有硫胺酶，它在饲料中具有破坏硫胺素（维生素 B_1）的作用，尤以鲤科鱼类为多。如果生喂这些鱼类常引起维生素 B_1 缺乏症。因此，以淡水鱼为饲料时应经过蒸煮处理为好。

肉类饲料的种类很多，所有的动物肉，只要新鲜、无病、无毒，均可作为黑凤鸡的饲料，一些肉类加工副产品也可以进行利用。对来源不明或病畜肉以及可疑为被污染的肉类必须经兽医检验或者是经过高温处理后方可利用，肉类的副产品包括头、骨架、内脏或血液等，在生产实践中已被广泛利用，效果较好。常利用的动物性干饲料有鱼粉、干鱼、肝渣粉、血粉、蚕蛹和羽毛粉等。在黑凤鸡饲料中，使用鱼粉能明显提高生产性能。在黑凤雏鸡日粮中鱼粉可加到10%。

七、矿物质饲料（6-00-000）

工业合成的或天然的单一种矿物质或多种混合的矿物质，用来补充日粮中矿物元素的不足。

（1）常量矿物质饲料 常用的有食盐、石粉、蛋壳粉、贝壳粉和骨粉等。石粉指的是石灰石粉，为天然的碳酸钙。石灰石粉只要铅、汞、砷、氟的含量不超过安全系数，都可以用在饲料中。

母鸡产卵时有1/3的钙由骨骼转化而来。一般情况下，母鸡每产下一枚卵，就要从身体储藏量取得25%的钙质。

（2）微量矿物质饲料 常用的有氯化钴、硫酸铜、硫酸锌、硫酸亚铁和亚硒酸钠等。在添加时，一定要均匀搅拌配合到饲料中。

八、维生素饲料（7-00-000）

由工业合成的或提纯的单一品种的维生素或复合维生素，但不包括某种维生素含量高的天然饲料。

九、添加剂（8-00-000）

指不提供基本营养素的一些化合物或药物，它能起到保护饲料营养不受破坏和促进畜禽更好地采食和利用饲料养分的效果，包括营养性添加剂和非营养性添加剂两大类。

（1）非营养性添加剂 包括生长促进剂、着色剂、防腐剂等。

（2）营养性添加剂 包括维生素、矿物质、微量元素和合成氨基酸等。

目前我国用于饲料添加剂的氨基酸有蛋氨酸、赖氨酸、色氨酸、甘氨酸、丙氨酸和谷氨酸及钠盐等6种。其中以蛋氨酸和赖氨酸为主。在配合饲料中常用的是粉状 *DL*-蛋氨酸和 *L*-盐酸赖氨酸。

近几年来，各地用中草药代替青饲料喂黑凤鸡较为普遍。中草药饲料添加剂无毒副作用和抗药性，而且资源丰富，来源广泛，价格便宜，作用广泛，它既有营养作用，又有防病治病作用。

第二节 饲料的加工调制

饲养黑凤鸡的饲料有粉料、颗粒料和碎粒料3种。粉料，是喂幼雏的常见饲料；而颗粒料则需经过机械加工，采用饲料颗粒机挤压成不同规格的粒料；把颗粒料再磨碎，则成碎粒料。1~3周龄黑凤鸡多采用粉料、碎粒料。到4周龄以后以颗粒料为主。喂颗粒料的优点是方便小鸡采食，吃料较快，节省采食时间。由于颗粒料加工工艺采用高温蒸汽的处理，对饲料起到灭菌、灭虫卵和提高饲料消化吸收，减少鸡舍内粉尘飞扬对环境卫生的影响等。但经过加工的饲料，会增加饲料的成本。

一、能量饲料的加工

能量饲料的营养价值和消化率一般都比较高，但是能量饲料籽实的种皮、壳、内部淀粉粒的结构等，都能影响其消化吸收，所以，能量饲料只有经过一定的加工后，才能充分发挥其营养价值。常用的方法是粉碎，但粉碎不能太细，一般加工成直径2~3毫米的小颗粒为宜。

能量饲料粉碎后，与外界接触面积增大，容易吸潮和氧化，尤其是含脂肪较多的饲料，容易变质发苦，不宜长久保存。因此，能量饲料一次粉碎数量不宜太多。

二、蛋白质饲料的加工

这类饲料包括植物性蛋白饲料（如棉籽饼粕、菜籽饼粕、大豆饼粕、花生饼粕、亚麻仁饼粕等）和动物性蛋白质饲料。这类饲料由于含有抗营养因子部分，在作为黑凤鸡饲料时，需进行处理。

（一）棉籽饼去毒法

主要可通过以下几种方法去毒。

1. 硫酸亚铁石灰水混合液去毒

100千克清水中放入新鲜生石灰2千克，充分搅匀，去除石灰残渣，在石灰浸出液中加入硫酸亚铁（绿矾）200克，然后投入经粉碎的棉籽饼100千克，浸泡3~4小时。

2. 硫酸亚铁去毒

可在粉碎的棉籽饼中直接混入硫酸亚铁干粉，也可配成硫酸亚铁水溶液浸泡棉籽饼。取100千克棉籽饼粉碎，用300千克1%的硫酸亚铁水溶液浸泡，约24小时后，水分完全浸入棉籽饼中，便可用于喂鸡。

3. 尿素或碳酸氢铵去毒

以1%尿素水溶液或2%的碳酸氢铵水溶液与棉籽饼混拌后堆沤。一般是将粉碎过的100千克棉籽饼与100千克尿素溶液或碳酸氢铵溶液放在大缸内充分搅匀，然后倒在地上摊成20~30厘米厚的堆，地面先铺好薄膜，堆周用塑料膜严密覆盖。堆放24小时后，扒堆摊晒，晒干即可。

4. 加热去毒

将粉碎过的棉籽饼放入锅内加热煮沸2~3小时，可部分去毒。此法去毒不彻底，故在畜禽日粮中混入量不宜过大，以占日粮的5%~8%为宜。

5. 碱法去毒

将 2.5% 的氢氧化钠水溶液，与粉碎的棉籽饼按 1∶1 重量混合，加热至 70～75℃，搅拌 30 分钟，再按湿料重的 15% 加入浓度为 30% 的盐酸，继续控温在 75～80℃，30 分钟后取出干燥。此法去毒彻底，一般不含棉酚。

6. 小苏打去毒

以 2% 的小苏打水溶液在缸内浸泡粉碎后的棉籽饼 24 小时，取出后用清水冲洗 2 次，即可达到无毒的目的。

（二）菜籽饼去毒法

主要有土埋法、硫酸亚铁法、硫酸钠法、浸泡煮沸法

1. 土埋法

挖 1 米³ 容积的坑（地势要求干燥、向阳），铺上草席，把粉碎的菜籽饼加水（饼水比为 1∶1）浸泡后装入坑内，2 个月后即可取出饲用。

2. 硫酸亚铁法

按粉碎饼重的 1% 称取硫酸亚铁，加水拌入菜籽饼中，然后在 100℃下蒸 30 分钟，再放至鼓风干燥箱内烘干或晒干后饲用。

3. 硫酸钠法

将菜籽饼掰成小块，放入 0.5% 的硫酸钠水溶液中煮沸 2 小时左右，并不时翻动，熄火后添加清水冷却，滤去处理液，再用清水冲洗几遍即可。

4. 浸泡煮沸法

将菜籽饼粉碎，把粉碎后的菜籽饼放入温水中浸泡 10～14 小时，倒掉浸泡液，添水煮沸 1～2 小时即可。

（三）豆饼（粕）去毒法

一般采用加热法。将豆饼（粕）在温度 110℃下热处理 3 分钟即可。

（四）花生饼（粕）去毒法

一般采用加热法。在 120℃左右热处理 3 分钟即可。

（五）亚麻仁饼去毒法

一般采用加热法。将亚麻仁饼用凉水浸泡后高温蒸煮 1~2 小时即可。

（六）鱼粉的加工

鱼粉加工有干法、湿法、土法 3 种。

1. 干法生产

干法生产是原料经过蒸干、压榨、粉碎、成品包装去毒的过程。

2. 湿法生产

湿法生产是原料经过蒸煮、压榨、干燥、粉碎包装去毒的过程。干、湿法生产的鱼粉质量好，适用于大规模生产，但投资费用大。

3. 土法生产

土法生产有晒干法、烘干法、水煮法 3 种。晒干法是原料经盐渍、晒干、磨粉去毒的方法。生产的是咸鱼粉，未经高温消毒，不卫生。含盐量一般在 25% 左右；烘干法是原料经烘干、磨碎而去毒的方法。原料里可以不加盐，成品鱼粉里含盐量低，质量比前一种略好；水煮法是原料经水煮、晒干或烘干、磨粉过程去毒的方法。此法因原料经过高温消毒，质量较好。

三、青绿饲料的加工

青绿饲料收割期为禾本科由抽穗至开花，豆科从初花至盛花，树叶类在秋季。其加工方法有切碎法和干燥法。

（一）切碎法

切碎法是青绿饲料最简单的加工方法，常用于养禽数量较少的农户。青绿饲料切碎后，有利于禽类吞咽和消化。

（二）干燥法

干燥的牧草及树叶经粉碎加工后，可供作配合饲料的原料，以补充饲粮中的粗纤维、维生素等营养。干燥方法可分为自然干燥和人工干燥。

1. 自然干燥

自然干燥是将收割后的牧草在原地暴晒 5～7 小时，当水分含量降至 30%～40% 时，再移至避光处风干，待水分降至 16%～17% 时，就可以上垛或打包储存备用。堆放时，在堆垛中间要留有通气孔。我国北方地区，干草含水量可在 17% 限度内贮存，南方地区不应超过 14%。树叶类青绿饲料的自然干燥，应放在通风好的地方阴干，要经常翻动，防止发热和日晒，以免影响产品质量。待含水量降至 12% 以下时，即可进行粉碎。粉碎后最好用尼龙袋或塑料袋密封包装贮藏。

2. 人工干燥

人工干燥的方法有高温干燥法和低温干燥法两种。高温干燥法在 800～1 100℃ 下经过 3～5 秒钟，使青绿饲料的含水量由 60%～85% 降至 10%～12%；低温干燥法以 45～50℃ 处理，经数小时使青绿饲料干燥。

青绿饲料的人工干燥，可以保证青绿饲料随时收割、随时干燥、随时加工成草粉，可减少霉烂，制成优质的草粉或干草粉，能保存青绿饲料养分的 90%～95%。而自然干燥只能保持青绿饲料养分的 40%，且胡萝卜损失殆尽。但人工干燥工艺要求较高，技术性强，且需要一定的机械设备及费用等。

第三节 配合饲料

配合饲料是根据畜禽不同品种、性别、年龄、体重，不同生长发育阶段和不同生产方式对各种营养物质的需要量，将多种饲料原料按科学比例配制而成的饲料。在动物饲养成本中，饲料费用约占65%～75%。

一、配合饲料的分类及组成特点

配合饲料的种类很多，一般可按营养物质、饲养对象、饲料形状3种方式进行分类。

（一）按营养物质和生产层次分类

1. 全价配合饲料

全价配合饲料是由能量饲料、蛋白质饲料、矿物质饲料、维生素、氨基酸及微量元素添加剂等，按规定的饲养标准配合而成的饲料，是一种营养全面、平衡的饲料，可以直接饲喂。

2. 浓缩饲料

浓缩饲料是由蛋白质饲料、矿物质饲料、添加剂预混料按一定比例混合而成的饲料。禽类的浓缩饲料一般含粗蛋白质25%～40%，高于其营养需要，矿物质和维生素的含量也是营养需要的2倍以上，是浓缩饲料加工厂的产品，是配合饲料工业的中间产品。浓缩饲料不能直接饲喂，与一定比例的玉米或其他能量饲料混合可制成全价配合饲料。

3. 精料补充料

精料补充料是用多种饲料原料按一定比例配制的饲料。

4. 添加剂预混料

添加剂预混料是由营养性添加剂（维生素、微量矿物元素、氨基酸等）和非营养性添加剂（抗生素、驱虫剂、抗氧化剂等），按一定比例加入适量载体（石粉、玉米粉、小麦粉等），均匀配制成的一种饲料半成品。为了使用方便，可将同类添加剂配制成预混料，如维生素预混剂、微量元素预混剂等。

（二）按配合饲料的形状分类

1. 粉料

粉料是将按比例混合好的饲料经粉碎而成的，颗粒大小几乎相同的配合饲料。

2. 颗粒饲料

颗粒饲料是以粉状饲料为基础，经过蒸汽加压处理而制成的饲料，其形状有圆桶筒状和角状，这种饲料密度大、体积大、养分均匀，改善了动物的适口性，避免动物择食，在贮运过程中不会分级。

3. 碎粒料

碎粒料是用机械的方法将颗粒饲料再经破碎加工成细度为 2 ~ 4 毫米的碎粒。其特点与颗粒料相同，即由于破碎而使动物的采食速度稍慢，不至于因采食过多而过肥。因此特别适用于幼小动物如小鸡。

4. 压扁料

压扁料是在 120℃的蒸汽下将谷类压扁干燥后形成的。这种饲料可提高消化和利用效率，适口性好，并且由于饲料被压成扁平状，表面积增加，消化液可以充分浸透，利于发挥消化酶的作用。

5. 膨化饲料

膨化饲料是粉状配合饲料加水蒸煮后通过高压喷嘴压制干燥而成的，由挤压机生产，加工时物料经由高温、高压、高剪切处理，使物料的结构发生变化，使饲料质地疏松，有利于营养物质的消化吸收。

6. 液体饲料

液体饲料主要有糖蜜、油脂、矿物油、某些抗氧化剂、某些维生素、液体蛋氨酸等。

7. 块状饲料

块状饲料包括饲料原料和配合饲料两大类。分为方块饲料（饲料块）、长方砖饲料（饲料砖）、饼状饲料（饲料饼）。如作为饲料原料用的有各种油饼，像豆饼、菜籽饼等，有圆盘形、长方形等。

二、配合黑凤鸡日粮的基本原则

日粮就是每只鸡每天采食的饲料种类和数量。日粮中必须包含黑凤鸡维持生命和满足生长繁殖的能量、蛋白质、维生素和各种矿物质的营养需要量。一般来说，黑凤鸡的日粮是根据该品种在不同年龄、不同生理状态的营养需要（或饲养标准），考虑多方面的因素后配制的。合理地配制日粮，既可达到满足黑凤鸡对各种营养素的需要，保证正常生长、发育、生产的目的，又可节省饲料及生产成本。

配合黑凤鸡的日粮一般应遵循如下原则。

要注意饲料种类，配合日粮要参考饲养标准和根据实践经验总结，使日粮达到相应的蛋白质、能量和蛋白与能量的比例，以及各种必需氨基酸和矿物质元素的含量。但任何一种饲料都不能完全符合饲养标准，能量饲料含代谢能高，含蛋白质低，蛋白质饲料含蛋白质高，糠麸类饲料含维生素丰富。因此，需要选用多种饲料，才能各取所长，使各种氨基酸更趋平衡，提高蛋白质生物学价值，保证各种营养素的完善，提高各种饲料的利用率。

三、黑凤鸡的营养需要和饲料配方举例

（一）黑凤鸡的营养需要

黑凤鸡的营养需要一般参照我国来航鸡的营养需要和美国

NRC 标准中的轻型鸡的营养标准，根据黑凤鸡生产性能和不同生长发育阶段的特点，再结合当地实际情况在参照来航鸡营养标准基础上，科学合理的拟定比较合适的营养需要标准（表4－2至表4－4）。

表4－2 黑凤鸡不同生长和生产阶段的营养需要

项目	代谢能（兆焦/千克）	粗蛋白质（%）	钙（%）	磷（%）
育雏期	12.14	20	0.9	0.60
中雏期	11.93	18	0.9	0.60
大雏期	11.50	16	1.2	0.62
产蛋前期	11.50	17	2.0	0.65
产蛋高峰期	11.50	18	3.2	0.60
产蛋后期	11.36	16	3.4	0.50

表4－3 黑凤鸡维生素需要量及添加剂配方（每千克饲料含量）

维生素种类	幼雏期	育成期	种鸡	添加剂配方
维生素 A（国际单位）	1 500	1 500	4 000	8 000
维生素 D_3（国际单位）	200	200	500	800～1 000
维生素 E（国际单位）	10	5	5	20
维生素 K（毫克）	0.5	0.5	0.5	0.5
维生素 B_2（毫克）	3.6	1.8	3.8	4.0
维生素 B_1（毫克）	1.8	1.3	0.8	1.8
维生素 B_6（毫克）	3.0	3.0	4.5	4.5
泛酸（毫克）	10	10	10	10
生物素（毫克）	0.15	0.10	0.15	0.20
烟酸（毫克）	27	11	10	27
胆碱（毫克）	1300	500	500	—
叶酸（毫克）	0.55	0.25	0.35	0.5～0.6
维生素 B_{12}（毫克）	0.009	0.004	0.003	0.009

表4-4 黑凤鸡的微量元素需要量

元素	需要量		
	雏鸡	育成鸡	种鸡
钙（%）	0.8	0.6	3.0
磷（%）	0.6	0.5	0.6
钠（%）	0.15	0.15	0.15
氯（毫克/千克）	800	800	800
铜（毫克/千克）	4	3	4
碘（毫克/千克）	0.35	0.35	0.35
铁（毫克/千克）	80	40	80
锰（毫克/千克）	50	25	30
硒（毫克/千克）	0.1	0.1	0.1
锌（毫克/千克）	40	30	50

（二）黑凤鸡的饲料配方举例

黑凤鸡的日粮配制应本着因地制宜、降低成本的原则，饲料要尽量多样化，应有一定的体积。配制日粮时，各类饲料所占比例大致见表4-5。不同地区不同养殖场可根据当地饲料资源进行调整，日粮配方举例见表4-6。

表4-5 配合日粮中各类饲料的大致比例

各类饲料	含量（%）
谷物饲料	45~70
糠麸类	5~15
植物性蛋白饲料	15~25
动物性蛋白饲料	3~7
矿物质饲料	5~7
干草类	2~5
微量矿物质和维生素添加剂	1
青饲料（两种以上）	30~35（按精料总量加喂）

表 4-6　黑凤鸡的日粮配方举例　　　　（%）

饲料	玉米	小麦	谷粉	麸皮	豆饼	鱼粉	骨粉	贝壳粉	草粉	食盐	添加剂
1~4	55	4	3	22	27	6	1	1	—	0.3	0.5
5~8	50	8	6	6	22	5	1	1.2	—	0.3	0.5
9~13	52	6	6		18	5	1.2	2		0.3	0.5
14~17	46	6	13	10	12	5	1.7	1.5	4	0.3	0.5
18~25	51	6	14	7	9	4	2	1.2	5	0.3	0.5
初产期	38	10	12	7	13	5	2.2	3	6	0.3	0.5
盛产期	42	6	9	10	15	5	2.2	3	6	0.3	0.5
产蛋后期	43	7	9	10	14	5	2.2	3	6	0.3	0.5

第四节　活饵料的培育

一、黄粉虫的培育

黄粉虫的营养价值很高，是幼鸡、成鸡的理想活饵料。

黄粉虫又叫面包虫，适应性强，病害和天敌少，食性杂，饲料价廉而且来源广，培育技术简单。

黄粉虫还可以立体生产，可以在居室中养殖，而且养殖成本很低，一般 1.5~2 千克的麦麸就可以培育 0.5 千克黄粉虫。在自然温度条件下，南方的黄粉虫可以繁殖 3 代；如果适当控制温度和湿度，黄粉虫的生长速度和繁殖速度次数还可以增加。

（一）生活习性

1. 温度

黄粉虫较耐寒，越冬老熟幼虫可耐受零下 2℃，低龄幼虫在 0℃ 左右即大批死亡。0℃ 以上可以安全越冬，10℃ 以上可以活动吃食。生长发育的适宜温度为 25~28℃，超过 32℃ 会热死。

2. 湿度

黄粉虫耐干旱,理想的饲料含水量为 15%,空气湿度为 50% ~80%。如饲料含水量超过 18%,空气湿度超过 85%,则生长发育减慢,易生病。在特别干燥的情况下,黄粉虫尤其是成虫有互相残食的习性。

3. 光线

黄粉虫怕光喜暗。成虫喜欢潜伏在阴暗角落或树叶、杂草或其他杂物下面躲避阳光;幼虫则多潜伏在粮食、面粉、糠麸的表层下 1 ~3 厘米处生活。雌性成虫在光线较暗的地方比强光下产卵多。人工饲养黄粉虫应选择光线较暗的地方,或者饲养箱应有遮蔽,防止阳光直接照射,影响黄粉虫的生活。

4. 喜群居

黄粉虫幼虫和成虫均喜欢聚集在一起生活。饲养时,如饲养密度过大,会提高群体内温度而造成高温热死幼虫,同时食物不足导致成虫和幼虫产生食卵和食蛹。

(二)饲养方式

黄粉虫的培育技术比较简单,可进行大面积的工厂化养殖。工厂化培育时需修建若干间培育室,并在培育室的门窗上安装纱窗,以防止敌害进入。在每间房内安装若干排木架(或铁架),每只木架分 3 ~4 层,每层间隔 50 厘米,每层放置一个培育槽。培育槽的大小要和放置培育槽的大小相适应。培育槽可用铁皮做成也可以用木板做成。培育槽的规格一般为长 200 厘米、宽 100 厘米、高 20 厘米。如果使用木板做培育槽,应在培育槽的内壁裱贴蜡光纸,使内壁光滑,以防止黄粉虫爬出。

(三)饲料

黄粉虫属杂食性昆虫,吃食各种粮食、油料和饼粕加工的副产品,也吃食各种蔬菜叶。人工饲养时,应该投喂多种饲料制成的混合饲料,如麦麸、玉米面、豆饼、胡萝卜、蔬菜叶、瓜果皮等搭配使用。也可喂鸡的配合饲料。

幼虫和成虫的基础混合饵料配方如下，可供参考。

（1）配方 1　麸皮 45%，面粉 20%，玉米面 6%，鱼粉 3%，黄豆粉 26%。另外，每 100 千克混合饵料中，添加复合维生素添加剂 3 克、微量元素添加剂 50 克。

（2）配方 2　麸皮 80%，玉米粉 10%，花生饼粉 9%，其他（包括多种维生素、矿物质粉、土霉素）1%。

（3）配方 3　麸皮 60%，碎米糠 20%，玉米粉 10%，豆饼粉 9%，其他（包括多种维生素、矿物质粉、土霉素）1%。

（4）配方 4　麸皮 80%，玉米粉 10%，花生饼粉 10%。

（四）饲养方法

1. 成虫的饲养

成虫饲养的任务是使成虫产下大量的虫卵。当羽化后的成虫，在虫体体色变成黑褐色之前，就要转到成虫产卵箱中饲养，若需转移的数量较少，可以用手捡拾；若需转移的数量较多，可以用鸡毛翎将蛹和成虫扫到一头，在扫开的地方洒上一些新鲜麦麸，再放上一些白菜叶，成虫便会自行转移到新鲜饲料上去，这时便可将成虫迁移到成虫产卵箱中去。成虫产卵箱为长 60 厘米、宽 40 厘米、高 15 厘米的木箱，底部钉上网孔为 2～3 毫米的铁丝网，网孔不能过大，也不能太小。箱内侧四边镶以白铁皮或玻璃，防止虫子逃跑。

放养成虫前在饲养槽中放一层厚约 4 厘米的基础混合饵料，在饵料表面铺一层筛孔直径为 3 毫米的筛网，筛网上再铺一层厚约 5 毫米的基础混合饵料。或先在箱底下垫一块木板，木板上铺上一张纸，让卵产在纸上。箱内铺上一层 1 厘米厚的饲料，这样才能使成虫把卵产在纸上而不至于产在饲料中。在饲料上铺上一层鲜桑叶或其他豆科植物的叶片，使成虫分散隐蔽在叶子下面。为了防止过剩的干菜叶发霉，每隔 2～3 天就要将多余的菜叶清除干净。

投放雌雄成虫的比例为 1：1。一般每平方米可放入成虫 4 000～5 000 只。

成虫在生长期间不断进食，不断产卵，因此，每天要投料1~2次，将饲料撒到叶面上供其自由取食。在温度和湿度都适宜的情况下，羽化后的成虫经5~6天后便可以进行交配产卵，以后每隔6~10天再产一次卵，成虫产卵时多数钻到纸上或纸和网之间的饲料中，这样可防止成虫把卵吃掉。每隔3~5天用鸡毛翎扫开一些饲料，将饲料与成虫移开，将卵转移到幼虫培育槽中，让其自行孵化。然后原成虫培育槽中重新铺上白纸，将原饲料和成虫放回，让它们继续产卵。

成虫继续产卵3个月后，雌虫会逐渐因衰老而死亡，未死亡的雌虫产卵量也显著下降，因而饲养3个月后就要淘汰全部成虫，以免浪费饲料和占用产卵箱。

2. 幼虫的饲养

幼虫的饲养时指从孵化出幼虫至幼虫化为蛹这段时间，均在孵化箱中饲养。孵化箱与产卵箱的规格相同，但箱底放置木板。一个孵化箱可孵化2~3个卵箱筛的卵纸，但应分层堆放，层间用几根木条隔开，以保持良好的通风。

孵化前先进行筛卵，筛卵时首先将箱中的饲料及其他碎屑筛下，然后将卵纸一起放进孵化箱中进行孵化。卵上盖一层菜叶或薄薄的一层麦麸，在适宜的温度和湿度范围内，6~10天就能自行孵出幼虫。刚孵出的幼虫和麦麸混在一起，肉眼不易看得清楚。可用鸡毛翎拨动一下麦麸，如发现麦麸在动，说明有虫。

幼虫留在箱中饲养，3龄前不需要添加混合饲料，原来的饲料已够食用，但要经常放菜叶，让幼虫在菜叶底下栖息取食。幼虫在每次蜕皮前均处于休眠状态，不吃不动，蜕皮时身体进行左右旋转摆动，蜕皮一次需要8~15分钟。随着幼虫的长大，应逐渐增加饵料的投放，同时减小饲养密度。1~3周龄幼虫每平方厘米放养8~10只，4~6周龄则为5.5只，7~9周龄为4只，10~13周龄为3只，14周龄则为1.7只。幼虫长到第20~25毫米或更大时，可收获作饲料。

幼虫的粪便为圆球状，和卵的大小差不多，无臭味，富含氮、磷、钾成分，是良好的有机肥，并含有一定量的蛋白质，可作饲料。幼虫培育槽中的粪便，应每隔 10～20 天清除一次。在清除粪便的前一天，不再添加饲料，待清除粪便后方可喂食。清除粪便的办法是：用筛子筛出幼虫粪便。筛子可用尼龙纱绢做成，对前期幼虫的粪便应用 11～23 目的纱绢做筛布，对中后期幼虫的粪便则用4～6 目的纱绢做筛布。总之，以能让幼虫粪便筛出，而幼虫又钻不出筛孔为原则。在筛粪时，要注意轻轻地抖动筛子，以免把幼虫弄伤，并注意检查所筛出的粪便中是否有较小的幼虫。若有，可用稍小一些规格的筛子再筛一遍，或者把筛出的粪便都集中放到一个干净的培育槽中喂养一段时间后再筛。

用来留种的幼虫，应进行分群饲养，让幼虫继续蜕皮长大。老龄幼虫在化蛹前四处扩散，寻找适宜场所化蛹，这时应将它们放在包有铁皮的箱中或脸盆中，防止逃走。化蛹初期和中期，每天要捡蛹 1～2 次，把蛹取出，放在羽化箱中，避免被其他幼虫咬伤。化蛹后期，全部幼虫都处于化蛹前的半休眠状态，这时就不要再捡蛹了，待全部化蛹后，筛出放在羽化箱中，蛹在饲料表面，经过 7 天后就羽化成成虫。

饲养幼虫除了提供足够的饲料外，主要是做好饲料保湿工作，湿度控制在含水量 15%，过于干燥时可喷水，但不宜太湿。可人工调节温度、湿度，使环境条件适宜于卵孵化。在干燥、低温的秋、冬季节，可用电炉、暖气等加温；用新鲜菜叶覆盖饲养槽，在饲养室内悬挂湿毛巾，以提高空气相对湿度。在高温的夏季，可定时向饲养室房顶浇水降温。

二、蝇蛆的培育

苍蝇生长繁殖速度惊人。据测算，一对苍蝇 4 个月能繁育2 000 亿个蛆。从卵发育到幼虫，一般仅需 10～11 天，如果到出产品，3～4 天即可。养殖技术简单，周期短，见效快。

养苍蝇可在室内进行，不受季节和气候条件的影响。遗弃的禽、畜养殖房等均可用于养殖蝇蛆。若有加温条件，一年四季均可养殖。蝇是杂食性、腐食性昆虫，可以利用米糠、麦麸、酒糟、豆渣、果渣、鸡粪、牛粪、猪粪等多种培养料来饲养。

（一）生活习性

1. 幼虫生活习性

幼虫有畏光性，一般群集潜伏在饲料表层下 2~10 厘米左右摄食。成熟后，摄食停止，并开始离开潮湿的食场到光暗而干燥的地方或较干的食渣内准备化蛹。

2. 成虫生活习性

（1）配、产卵　雄性羽化后 18~24 小时，雌性羽化后约 30 小时，达到性成熟，开始交配。绝大多数蝇一生仅交配一次，雄蝇的精液能刺激雌蝇产卵，贮存在雌蝇受精囊中的精子能延续 3 周或 3 周以上，使陆续发育的卵受精，因此雌蝇交配一次可终身受精。

雌蝇产第一批卵的时间长短与温度关系密切，在 35℃ 时，产卵前期为 2 天，15℃ 时为 9 天，15℃ 以下一般不产卵。蝇有卵小管 100 支左右，每批产卵达 100 个左右，每只雌蝇一生能产卵 4~6 批，每批间隔 3~4 天，终身产卵 400~600 个，多达 1 000 个左右。绿蝇为 28~30 天，大头金蝇为 20 天。

（2）食性和取食行为　苍蝇食性复杂，到处都有它的食源，但不同蝇种，食性有差异。苍蝇取食的行为很特殊，当它接触到食物时先利用足上和喙上的化学感受器辨尝味道，然后取食，取食次数频繁，每几秒取食一次，边吃边吐边拉。

（3）活动和栖息　苍蝇有趋光性，白天活动，夜间栖息。苍蝇的活动受气温影响。在 4~7℃ 时活动力很弱，30~35℃ 时最活跃；45~47℃ 时死亡；30℃ 以上停留在荫凉处，秋凉和冬季在阳光下取暖，下雨、刮风入侵室内。

（4）飞行和扩散　蝇每小时能飞行 6~8 千米，一般活动范围在 1~2 千米以内，常在滋生物 100~200 米半径范围内活动取食。苍蝇的扩散受风向、风速、气味等多种因素影响，还可通过飞机、轮船、汽车等交通工具以及农副产品进入城市，形成被动扩散。

（5）寿命 苍蝇的寿命与温度、湿度、食物以及苍蝇的活动频率有关，通常雌蝇比雄蝇寿命长，雌蝇的寿命一般为30~60天，越冬可达半年之久。

（二）饲养方式

饲养成虫分舍养和笼养两种，前者适宜大规模工厂化饲养，需要严防逃逸。后者既适合大规模工厂化饲养，也适合小规模饲养。我国目前普遍采用笼养来饲养成虫。

1. 养蝇房

种蝇要在蝇房饲养。种蝇房的大小，根据需要建造，也可用旧房改装。门和窗安装玻璃和纱窗，以利调温。壁上安装风扇，以调节空气。房内宜有加温设备，使冬天温度保持20~32℃，房内相对湿度保持60%~70%。

为了防止成虫偶然逃逸，造成扩散，或外界成虫飞入饲养房内干扰，养蝇房应设置纱门、纱窗，严加防范。还要特别注意预防老鼠、蚂蚁、蟑螂、蟋蟀等敌害生物，特别是老鼠和蚂蚁的侵害。

另外，利用塑料大棚养殖苍蝇也是一个比较好的方法。塑料大棚长20米、宽4米，低墙高2米，高墙高3米。在棚中设置立体纱网，在网中养苍蝇。

2. 蝇笼

饲养成虫的笼子根据饲养规模和条件的不同，可大可小。小笼的规格一般为笼长50厘米、笼宽40厘米、笼高30厘米。这种笼子可以饲养7 000~8 000个成虫，即每只成虫可占空间7.5~8.5立方厘米。大笼的规格可加1倍或加数倍，饲养成虫的数量也可以相应地增加其倍数。无论大笼小笼，均用2毫米网眼固定的窗纱缝制为好，即先将好的窗纱缝成一个密封的方袋状，并在一方的下边开一个横向15厘米、高5厘米左右的小口，在口外再缝上一个相应大小的纱布套，并在笼子的8个角上缝好带子。使用时，将笼子的8个角挂在相应的钉上或者棍上，如同挂蚊帐一般，并将笼底托在一个平板上。

（三）饲料

1. 蝇蛆食料

麦麸、米糠、酒糟、豆渣等，均可用于蝇蛆养殖。也可以利用发酵过的人、畜粪便，动物废弃物。蝇蛆嗜食猪粪、鸡粪等畜禽粪便。种蝇饵料可用畜禽粪便、打成浆糊状的动物内脏、蛆浆或红糖和奶粉调制的饵料。或用1份黄豆浸水磨浆，放入20份水中搅匀，再加6份鲜禽畜血，盛于平底皿中的海绵上。

2. 饵料配方

（1）蛆饵料　猪粪和鸡粪1：2或2：1混合发酵腐熟。

（2）种蝇饵料　20克红糖，10克奶粉，混合溶于10毫升清水中。

（四）饲养方法

1. 蝇种子的选育

首先应该选择个体强壮、产卵量高、正值产卵盛期的蝇群的卵块进行强化饲育，即适当稀养，食期添加一部分自然发酵2～3天的麦麸、米糠等，勤加食，勤除渣，使幼虫健壮整齐。一窝幼虫，虽然饲养管理周到，化蛹仍有2～3天甚至4～5天的先后之差。因此，应选虫体大小、色泽基本一致的幼虫，放在10厘米左右深的盆内，再将这个盛有幼虫的盆放在另一个较大较深、盆底盛有一薄层糠粉之类比较干燥的粉状物的盆内，盆上加盖纸等物，使盆内保持黑暗通风。

成熟的幼虫排干液体后，就会纷纷从粪渣里面往盆外逃逸而掉进大盆地上粉状物内，准备化蛹。一般以1～2天内获得的虫体较好，剩下的可作饲料处理。逃逸出来的虫体要放在黑暗、通风、安静的环境中，平铺2～3层，待其化蛹。

等到蛹体外颜色变为褐色，即化蛹2～3天后，用称重或测量容积的方法计数，或先数1 000个蛹，称重，然后按比例称取所要的个数重。或先数 1 000 个蛹，用量筒测容积，然后按比例量取所要求的个体容积。计数以后分别用纱布包好，浸入 0.01% 的高锰酸钾溶液中消毒 5 分钟，洗净脏物，放入成蝇笼内让其孵化。在正常情况下，如化蛹整齐，而且体质健壮，绝大多数蛹体会集中在 1~3 天内羽化完毕。

无论幼虫和蛹，都易受老鼠、蚂蚁等的危害。饲养幼虫的猪粪、鸡粪极易逗引外界苍蝇前来产卵，一定要防止这种现象的发生，以免造成种子不纯，或发育不一致。

2. 成虫饲养

在温度 25~28℃，湿度 50%~60% 的环境中，饲养成虫的效果最好。

① 调节温湿度。放养蝇蛹前，将养蝇房温度调节到 24~30℃，相对湿度调节到 50%~70%。

② 放养蝇蛹。笼子和其他准备工作做好之后，将蝇蛹用清水洗净，消毒，晾干，盛于羽化缸内，每个缸放置蛹 5 000 粒左右，然后装入蝇笼，待其羽化。

③ 投喂饵料和水。待蛹羽化（即幼蛹脱壳而出）5% 左右时，开始投喂饵料和水。饵料放在饲料盆内。如果饵料为液体，则在饲料盆内垫放纱布，让成蝇站立在纱布上吸食饵料。种蝇的饵料可用畜禽粪便、打成浆糊状的动物内脏、蛆浆或红糖和奶粉调制的饵料。目前，常用奶粉加等量红糖作为成虫的饲料。如果用红糖奶粉饵料，每天每只蝇用量按 1 毫克计算。以每笼饲养 6 000 个成虫计算，成虫吃掉 20 克奶粉和 20 克红糖后，可以收获蝇蛆 30 千克。

饲养过程中，可用一块长、宽各 10 厘米左右的泡沫塑料浸水后放在笼的顶部，以供应饮水，注意不要放在奶粉的上面。奶粉加红糖和产卵信息物（猪粪等）分别放在笼底平板上，紧贴笼底。成虫便可隔着笼底网纱而吸水、摄食和产卵。

也可在笼内放置饲水盘供水，饲水盘要放置纱布。每天加饲养料 1~2 次，换水 1 次。

④ 安放产卵盘及产卵信息物。当成虫摄食 4~6 天后，其腹部

变得饱满，继而变成乳黄色并纷纷进行交尾，这预示着成虫即将产卵。在发现成虫交尾的第2天，将产卵盘放入蝇笼，并把产卵信息物放入产卵盘（或将猪粪疏松撒在报纸上，其下垫上薄膜塑料和硬纸板，放在笼底平板上，以便于成虫产卵）。目前常用猪粪作为引产信息物，其引产的效果较好，但是，容易黏污笼壁，因而应当经常擦抹。也可用猪粪浸出物浸湿滤纸作为引产信息物，它虽不会污染笼壁，但容易干燥而影响引产效果。引产信息物也可用人工调制：用0.01%～0.03%碳酸铵水调制麦麸，再放些红糖和奶粉，含水量控制在65%～75%，混合均匀后盛在产卵缸内，装料高度为产卵盘的2/3，然后放入蝇笼，集雌蝇入盘产卵。

⑤ 收卵。每天收卵2次，中午12时和下午4时各收集一次。每次收卵后将产卵盘中的卵和引产信息物一并倒入培养基内孵化，并重新换上新的引产信息物。如此反复进行，直到成虫停止产卵为止。

⑥ 淘汰种蝇。成虫在产卵结束后，大都自然死亡。死亡的成虫尸体太多时，应适当地清除。清除尸体的工作应当在傍晚成虫的活动完全停止以后进行。当全部成虫产卵结束后，部分成虫还需饥饿2天，才可自然死亡。也可将整个笼子取下放入水中将成虫闷死，或用热水或蒸汽杀死。淘汰的种蝇可烘干磨粉作畜禽饲料，淘汰种蝇后的笼罩和笼架应用稀碱水溶液浸泡消毒，然后用清水洗净晾干备用。

3. 雌雄苍蝇分离

一般羽化后6～8天，雄雌两性已基本交配完毕，可适时分离雄蝇，用以饲养黑凤鸡。

① 在蝇笼内改产卵盘为产卵缸（普通茶缸），内盛半缸含水量、70%的麦麸，麦麸上放少量1%～3%的碳酸铵溶液，再放些红糖和奶粉。这种方法可较好地引诱雌蝇产卵。待缸内爬满雌蝇后，将预先制作的纱网袋（大小以能套入为准）悬吊在蝇笼内产卵缸上方，轻缓地放下罩住缸口，轻击缸体，雌蝇即全体飞起，进入纱网袋。

② 用有黏性的红糖水浸湿雌活蝇，抖落进容器中，将其捣碎，加上 10 倍的清水，用卫生喷雾器对蝇笼纱窗喷雾（以湿润不滴水为度）。这时已完成交配使命的雌雄蝇虫，在笼中诱卵缸和笼网雌诱液的双重作用下，96% 以上数目的雄蝇攀停在笼网上，雌蝇大量落停在产卵缸中。

③ 将爬满雌蝇并被罩住缸口的产卵缸移出，放入另一新的蝇笼，反复 5 ~ 10 次，待缸内不再有大量雌蝇光顾时，把产卵缸取出，即可把笼中的雄蝇作为活体饲料用以饲喂黑凤鸡或其他动物。收拢笼中雄蝇的方法有两个：一是将蝇笼中盘、缸取净，将纱网蝇笼中的雄蝇收拢，捣碎混入饲料，可饲喂黑凤鸡等；二是活蝇用浓糖水浸湿，撒上饲料粉，抖落进盘、槽等容器中，任其爬行，可饲喂黑凤鸡等。将收拢捣碎的雄蝇肉浆，加入到产卵缸中，引诱雌蝇入缸产卵，驱避雄蝇，可为雄雌蝇虫分离带来方便。

④ 羽化的苍蝇生活期为 23 天左右。15 日龄后，随着雌蝇体的老化不再产卵，这时可趁蝇体尚未衰竭，含有充分营养成分之机，将蝇笼中盘、缸、水具及食具取出，将纱网蝇笼收拢，利用苍蝇活体喂黑凤鸡。

4. 蝇蛆饲养

① 饲料。将麦麸加水拌匀，湿度维持在 70% ~ 80%，盛入培养盘。一般每只盘可容纳麦麸饲料 3.5 千克。或用发酵腐熟的猪粪、鸡粪为饲料。将卵粒埋入培养饲料内，让其自行孵化。一般按 10 千克饲料接种 8 克（约 4 万粒）蝇卵。

② 饲料的厚度。一般以 3 ~ 5 厘米为宜，夏天不超过 3 厘米。

③ 培养。温度以 25℃ 左右为宜。

④ 适时翻动。培养饲料随着蛆的生长和饲料的发酵，盘内温度逐渐上升，最高可达 40℃ 以上，这会引起蝇蛆死亡，因此要注意降温。

（五）采收

1. 适时收获

在25℃左右气温条件下，蝇卵于接种后8~12小时孵出蝇蛆，经过4~5天，蛆变成黄色时即应收集利用。方法是利用蝇蛆怕光的习性，将料盆置于强光下（露天池就在晴朗的白天进行），蛆便往下钻，把表层粪料取走，重复多次，最后剩下少量粪料和大量蝇蛆，再用16目孔径的筛子振荡分离。分离出的蝇蛆洗净后，可以直接用来饲喂黑凤鸡，也可将蝇蛆放在50℃条件下烘烤，干燥后加工成粉，贮存备用。

2. 蝇蛆留种

收集蝇蛆时，先用网孔较大的筛子分离出少量体大的蝇蛆，留作种用。将种用的蝇蛆接种在盛有充分发酵、腐熟的畜禽料盆中，继续培养。蝇蛆在培养基内发育老熟后，便爬到表层化蛹，这时盆内培养基不宜翻动，待蝇蛆基本化蛹完毕，就可淘蛹晾干，培养蝇蛆用。

三、蚯蚓的培育

蚯蚓俗称曲蟮，中药称为地龙，属于环节动物门、寡毛纲的陆栖无脊椎动物。蚯蚓的分布很广，遍布于全世界。我国蚯蚓有160多种，常见的养殖品种有太平2号、北星2号、赤子爱胜蚓（俗称红蚯蚓）、威廉环毛蚓（俗称青蚯蚓）。蚯蚓生长发育快，繁殖力强，易饲养，养殖技术简单。

（一）生活习性

1. 喜温

适宜温度为5~30℃，最适温度在20℃左右，32℃以上停止生长，10℃以下活动迟钝，5℃以下处于休眠状态。

2. 喜湿

白天栖息在潮湿、通气性能良好的中性或偏酸、微碱性土壤中，适宜湿度在60%～70%。

3. 怕光

栖息深度一般为10～20厘米，夜晚出来活动觅食。

4. 怕盐

盐料对蚯蚓有毒害作用。

（二）食物

蚯蚓是杂食性动物，以腐烂的落叶、枯草、蔬菜碎屑、作物秸秆、畜禽粪便、瓜果皮和造纸厂、酿酒厂或面粉厂的废渣以及居民点的生活垃圾为食。特别喜欢吃甜食，比如腐烂的水果，亦爱吃酸料，但不爱吃苦料和有单宁味的食料。

（三）繁殖

一般4～6月龄性成熟，一年可产卵3～4次，每年3～7月和9～11月是蚯蚓繁殖旺季。蚯蚓的寿命为1～3年。

（四）饲养方式

蚯蚓饲养场所可在室外饲养，也可在室内饲养（水泥池养殖床、多层式箱养、盆养）。饲养场所应遮阴避雨，避免阳光直射，排水、通风良好，湿度适宜，环境安静，无农药和其他毒物污染，并能防止鼠、蛇、蛙、蚂蚁等的危害。

1. 池养

可利用阳台、屋角等闲置地方，建池养殖。在室内用砖砌成5米^{2}的方格池，高25厘米左右，垫上10厘米以上松土。或建成长2米、宽2.5米、深0.4～0.5米的池，或按行距0.5米左右一个挨一个地排列建造。

如果地下水位较高，可不挖池底，在地上用砖直接垒池。如果地势高而干燥，深池可向下挖40～50厘米，以利于保持池内的温度和湿度。

2. 床养

在地面上直接铺养殖土做成养殖床，养殖床面积 5~6 米^2，四周设宽 30 厘米、深 50 厘米的水沟，既可排水，又可作防护沟。

3. 缸养

在缸底钻 1~2 厘米圆孔用于排水，铺上 10 厘米厚的养殖土。

4. 盆养

可利用花盆等容器饲养。适合养殖赤子爱胜蚓、微小双胸蚓、背暗异唇蚓等。一般常用的花盆等容器，可饲养赤子爱胜蚓 10~70 条。盆内所投放的饲料不要超过盆深的 3/4。这种养殖方式，盆内土壤或饲料的温度和湿度容易发生变化，需要注意掌握。

5. 箱或筐养

可利用包装箱、纸箱或塑料箱、柳条筐、竹筐等养殖。箱、筐的面积不超过 1 米^2。养殖箱的底部和侧面均应有排水、通气孔。排水、通气孔孔径为 0.6~1.5 厘米。

6. 箱式立体养殖

将相同规格的饲养箱重叠起来，可以进行立体集约化养殖。先做好木箱与架子。架子可用钢筋、角铁焊接或用竹、木搭架，也可用砖、水泥板等材料建筑垒砌。养殖箱长 50 厘米、宽 35 厘米、高 25 厘米左右，放在饲养架子上，一般放 4~5 层。在箱中垫 10 厘米以上松土，上面加盖透气的防逃网。养殖时，注意通风换气、调节温度与土壤湿度，保持土壤的清洁和室内卫生。

7. 沟槽养殖

选择背风遮阴处，开挖沟槽养殖。沟槽长 10 米，宽 2 米，深 60~80 厘米。沟的上面一侧稍低，一侧稍高，有一定的倾斜度。沟底铺 15 厘米厚的养殖土，沟上用薄膜、竹帘、塑料板等防雨材料覆盖，可放养 3 000~5 000 只蚯蚓。沟的表面四周应开好排水沟，沟底养殖土堆放成棱台形，以排水。

8. 田间养殖

选用地势比较平坦，能灌能排的桑园、菜园、果园或饲料田，沿植物行间开宽 35~40 厘米、深 15~20 厘米的沟槽，施入腐熟的畜禽粪、生活垃圾等有机肥料，上面用土覆盖 10 厘米左右，放入蚯蚓进行养殖。沟内应经常保持潮湿，但又不能积水。这种养殖方式不宜在种植有柑橘、松、枞、桉等的园林中开沟放养。也可进行田间规模养殖。

9. 半地下室养殖

选择背风、干燥的坡地，向地下挖 1.5~1.6 米深、2.5 米宽、长度自定的沟。沟的一侧高出地面 1 米，另一侧高出地面 30 厘米，形成一个斜面，斜面用双层塑料薄膜覆盖。

10. 地下窖养殖

利用人防工事、防空洞、地洞、地坑或土窖等阴暗潮湿保温的地点进行养殖。

11. 塑料棚室养殖

可利用现有的冬季暖棚、温室养殖蚯蚓。

12. 简易堆料养殖

选择地势较高、靠近水源又不积水的平地作养殖场。利用马、牛、羊粪或其他畜禽粪便再加入 30% 的干草料拌匀堆沤发酵而成堆料。将堆制好的饲料调节好湿度后铺于选定的地点，堆料宽 1~1.2 米，厚 15 厘米。均匀投入含卵块及幼蚓的蚓种，上面再覆盖厚 5 厘米的堆料。用薄膜覆盖。为防蚯蚓逃逸，用网目 3 毫米的尼龙网围护，或挖水沟围护。

（五）饲料

培育蚯蚓的饲料调配比例一般为主食（落叶、枯草、废纸等多纤维物质）占 60%，副食（产业废料等）占 40%，含水分以70%~75% 为最佳。在畜禽粪便中，牛粪、猪粪、兔粪都可以作蚯蚓的饲料，其中以兔粪为最好，但是，不能用鸡粪。如果用造纸污泥或其他产业废料作蚯蚓的培育饲料，其中再掺进一定比例的稻草和牛粪，制成堆肥或掺进活性污泥 40% 和木屑 20%，都可以达到良好的培育效果。养殖蚯蚓的原料一般要进行堆沤发酵处理，以免蚯蚓取食。

1. 发酵料配方

（1）配方一　粪料60%，作物秸秆或青草40%。

（2）配方二　粪料70%，作物秸秆或青草20%，麦麸10%。

（3）配方三　牛粪、马粪各25%，玉米秸49%，尿素1%。

（4）配方四　牛粪60%，稻草或麦草40%。

（5）配方五　粪料40%，作物秸秆或青草57%，石膏粉2%，过磷酸钙1%。

2. 原料发酵处理

发酵是将饲料中复杂的高分子化合物通过细菌或酵母分解为简单的低分子有机化合物的过程。有机物经过发酵腐熟，具有营养丰富、细、软、烂、易于消化吸收、适口性好等特点。

3. 原料处理

捣碎牛粪等畜禽粪便；粉碎杂草、树叶、稻草、麦秸、玉米秸秆等植物类原料，铡切成1厘米左右；将蔬菜、瓜果切剁成小块；剔除碎石、瓦砾、金属、玻璃、塑料等有害物质。

4. 发酵条件

（1）温度　温度对原料堆的分解发酵有重要影响。微生物适宜生活温度为15～37℃，其中，好气性微生物生活的最适温度为22～28℃，兼气性微生物生活的最适温度为37℃左右，耐热微生物生活的最适温度为50～65℃。

（2）原料含水量　含水量控制在40%～50%，即堆积后堆底边有些许水流出。

（3）pH值　微生物对酸碱度反应十分敏感，pH值一般在6.5～8.0。过酸可添加适量石灰，过碱可用水淋洗。

5. 堆制发酵

（1）预湿　将草料浸泡吸足水分，预堆10～20小时。干畜禽粪同时淋水调湿预堆。

（2）建堆　先在地面上按2米宽铺一层20～30厘米厚的湿草料，接着铺一层厚3～6厘米的湿畜禽粪。然后再铺厚6～9厘米的草料、3～6厘米的湿畜禽粪。这样一层粪料、一层草料，交替铺放，直至铺完为止。堆料时，边堆料边分层浇水，下层少浇，上层多浇，直到堆底渗出水为止。料堆应松散，不要压实，料堆高度宜在1米左右。料堆成梯形、馒头形或圆锥形，最后堆外面用塘泥封好或用塑料薄膜覆盖，以保温、保湿。

（3）翻堆　堆制后第2天堆温开始上升，4～5天后堆内温度可达60～75℃。待温度开始下降时，要翻堆进行第2次发酵。翻堆时要求把底部的料翻到上部，边缘的料翻到中间，中间的料翻到边缘，同时充分拌松、拌和，适量淋水，使其干湿均匀。第1次翻堆1周后，再做第2次翻堆，以后每隔6天、4天各翻堆1次，共翻堆3～4次。

6. 发酵饲料处理

（1）鉴定　培养料发酵30天左右，无臭味、无酸味。色泽为茶褐色。手抓有弹性，用力一拉即断，有一种特殊的香味，即表明发酵腐熟。

（2）投喂前的处理　将发酵好的培养料摊开混合均匀，然后堆积压实，用清水从料堆顶部喷淋冲洗，直到饲料堆底有水流出，清楚有害气体和无机盐类、农药等有害物质。饲料的酸碱度在6.5～8.0都可使用。含水量可控制在37%～40%，即用手抓一把饲料齐捏，指缝间有水即可。若过干，则需加水；若过湿，则要晾干一些。

（3）试投　使用前，先用少量蚯蚓实验饲养，经1～2昼夜后，如果有蚯蚓自由进入栖息、取食，无任何异常反应，即可大量正式投喂。否则，说明原料腐熟不完全，要继续发酵后才能使用。

7. 注意事项

①冬季要注意选择温暖、避风寒的地方堆料，夏季要注意料堆避免阳光直接照晒。

②冬季堆沤时，因气温较低，应将饲料堆踏实，以减少空气流通，调节发酵速度。

③料堆发酵过程中出现料面塌陷时，要及时用周围的原料填

平凹处，以防雨水渗入。

（六）饲养方法

1. 蚓种采集

（1）蚓种选择　选择蚯蚓种要根据养殖目的和具体情况而定。目前，我国人工养殖的蚯蚓种类主要是赤子爱胜蚓和威廉环毛蚓。赤子爱胜蚓，个体中偏小，生长期短，繁殖率高，食性广泛，易饲养，便于管理，蛋白质含量高，可作人类的美味食品。威廉环毛蚓，个体中等大小，分布广，生长发育较快，个体粗壮，抗病力强，适于大田养殖。

饲料用蚯蚓，可采用环毛蚓、背暗异唇蚓、赤子爱胜蚓、红正蚓等，这些蚯蚓生长发育快。药用蚯蚓种一般多用直隶环毛蚓、秉氏环毛蚓、参环毛蚓和背暗异唇蚓等。改良土壤用蚯蚓种一般多选择微小双胸蚓、爱胜双胸蚓等。沙质土壤，可选择湖北环毛蚓和双颐环毛蚓。

（2）引种　引种主要指从外地养殖场或蚯蚓种场直接购进蚯蚓种品种。蚯蚓良种主要有太平2号（自日本引进，与赤子爱胜蚓同属一种）、北星2号（与赤子爱胜蚓同属一种）、赤子爱胜蚓（俗名红蚯蚓）、威廉环毛蚓（俗名青蚯蚓）。也可采集野生蚯蚓做种。

（3）野外采种　野外采种时间，北方地区6~9月，南方地区4~5月和9~10月。选择阴雨天采集。蚯蚓喜欢生活在阴暗。潮湿、腐殖质较丰富的疏松土质中。野外采集蚯蚓种方法有以下几种。

① 扒蚯蚓洞。直接扒蚯蚓洞采集。

② 水驱法。田间植物收获后，即可灌水驱出蚯蚓；或在雨天早晨，大量蚯蚓爬出地面时，组织力量，突击采收。

③ 甜食诱捕法。利用蚯蚓爱吃甜料的特性，在采收前，在蚯蚓经常出没的地方放置蚯蚓喜爱的事物，如腐烂的水果等，待蚯蚓聚集在烂水果里，即可取出蚯蚓。

④ 红光夜捕法。利用蚯蚓在夜间爬到地表采食和活动的习性，在凌晨 3 ~ 4 点钟，携带红灯或弱光的电筒，在田间进行采集。

（4）蚓种处理　无论是野外采集的蚯蚓种还是外地直接引种，都要经过药物处理、隔离饲养和选优去劣。

① 药物处理。用 1% ~ 2% 福尔马林（甲醛）溶液喷洒在蚯蚓种体上，5 小时后再喷洒一遍清水。

② 隔离饲养。将药物处理过的蚯蚓种放入单独的器具中饲养，经过 1 周的饲养观察，确认无病态现象，才可放入饲养室或饲养架内饲养。

③ 选优去劣。挑选个体体型大，健壮，活泼，生活适应性强，生长快，产卵率高的蚯蚓作为优种单独饲养。

2. 投放蚓种

（1）饲养密度　蚯蚓生活史包括繁殖期、卵茧期、幼蚓期和成蚓期。养殖时，前期幼蚓个体小、活动弱，饲养密度每平方米 5 000 ~ 6 000 条；后期幼蚓个体长大，活动增强，应扩大养殖面积，每平方米 15 000 万条左右。

在适宜的条件下，威廉环毛蚓饲养密度为每平方米 20 000 条左右；赤子爱胜蚓为每平方米 20 000 条左右。

（2）饲养厚度　饲料厚度 18 ~ 20 厘米。冬季饲料厚度可加厚到 40 ~ 50 厘米。

（3）投种方法

① 投放成蚓。将蚓种放入饲料内，使其大量繁殖，每隔 10 ~ 15 天即可收取蚯蚓。

② 蚓茧孵化。收集养殖床内的蚓茧，投放在其他的养殖床内孵化。

③ 蚓茧的收集。方法一，将原饲料从床位内移开，新饲料铺在原来床位内，再将原饲料（连同蚯蚓）铺在新料之上。待成蚓为取食新饲料而钻到下面的新饲料层后，取上面的含蚓茧的旧饲料；方法二，在原饲料床两侧平行设置新饲料床，经 2 ~ 3 昼夜或稍长时间后，成蚓自行进入新饲料床。将原料床连同蚓茧和幼蚓取

出过筛或放在另外的地方继续孵化；方法三，收集蚓粪，蚓粪中往往含有许多蚓茧。将含有蚓茧的蚓粪摊开风干，不要日晒。待含水量为40%左右时，用孔径2～3毫米的筛子将蚓粪过筛。筛上物（粗大物质和蚓茧）另置一床，加水至含水量为60%左右，继续孵化。

3. 留种

成蚓性已成熟，应挑选发育健壮、色泽新鲜、生殖带肿胀的蚯蚓，更新原有繁殖群体。也可利用蚓茧留种：收集含有许多蚓茧的蚓粪；将含有蚓茧的蚓粪摊开风干，不要日晒；待含水量为40%左右时，用孔径2～3毫米的筛子将蚓粪过筛；经筛选后的蚓粪继续风干，然后用塑料袋包装贮存备用。

4. 饲养管理

（1）创造适宜养殖环境 根据蚯蚓生活习性、日常要保持它所需要的适宜湿度和温度，避免强光照射，环境要安宁。冬季应加盖稻草或塑料薄膜保温，夏季遮阳，并洒水降温，保持空气流通。料床温度宜保持在20～25℃。料床要保持一定湿度，但又不能积水。一般每隔3～5天浇1次水，使料床绝对湿度保持在37%～40%，底层积水不超过1～2厘米。养殖床上面可加盖。晚上开灯，防止蚯蚓逃走。

（2）保持饲料床含氧量 蚯蚓耗氧量较大，需经常翻动料床使其疏松，或在饲料中掺入适量的杂草、木屑。如料床较厚，可用木棍自上而下戳洞通气。

（3）适时投料 在室内养殖时，养殖床内的饲料经过一定时间后逐渐变成粪便，必须适时给以补料。

①上投法。当养殖床表层的饲料已粪化时，将新饲料撒在原饲料上面，5～10厘米厚。

②下投法。当原饲料从床位内移开，新饲料铺在原来床位内，再将原饲料（连同蚯蚓）铺在新料之上。

③侧投法。在原饲料床两侧平行设置新饲料床，经2～3昼夜或稍长时间后，成蚓自行进入新饲料床。

（4）定期清除蚯蚓粪便　清理蚯蚓粪的目的，是减少养殖床的堆积物，并获得产品，清理时要使蚓体和蚓粪分离。对早期幼蚓，可利用其喜食高湿度新鲜饲料的习性，以新鲜饲料诱集幼蚓；对后期幼蚓、成蚓和繁殖蚓可用机械和光照及逐层刮取法分离，即用铁耙扒松饲料，铺以光照，使蚯蚓往下钻，再逐层刮取残剩饲料及蚓粪，最后获得蚯蚓团。

（5）适时分养　在饲养过程中，种蚓不断产出蚓茧，孵出幼蚓，而其密度也就随着增大。当密度过大时，蚯蚓就会外逃或死亡，因此必须适时分养。

（6）适时采收　适时采收成蚓，调节和降低种群密度，保持生长量和采收量的动态平衡。

收取成蚓可以与补料、除粪结合起来进行，具体方法如下。

① 光照下驱法：利用蚯蚓的避光特性，在阳光或灯光的照射下，用刮板逐层刮料，驱使蚯蚓钻到养殖床下部，最后蚯蚓聚集成团，即可收取。

② 甜食诱捕法：利用蚯蚓爱吃甜料的特性，在采收前，可在旧饲料表面放置一层蚯蚓喜爱的食物，如腐烂的水果等，经 2～3 天，蚯蚓大量聚集在烂水果里，这时即可将成群的蚯蚓取出，经筛网清除杂质即可。

③ 水驱法：适于田间养殖。在植物收获后，即可灌水驱出蚯蚓；或在雨天早晨，大量蚯蚓爬出地面时，组织力量，突击采收。

④ 红光夜捕法：此法也适于田间养殖。利用蚯蚓在夜间爬到地表采食和活动的习性，在凌晨 3～4 点钟，携带红灯或弱光的电筒，在田间搜寻采收。

⑤ 干燥逼驱法：对旧饲料停止洒水，使之比较干燥，然后将旧饲料堆集在中央，在两侧堆放少量适宜湿度的新饲料，约经 2 天蚯蚓都进入新饲料中。这时取走旧饲料，翻倒新饲料即可捕捉。

⑥ 笼具采收法：用孔径为 1～4 毫米的笼具，笼中放入蚯蚓爱吃的饲料。将笼具埋入养殖槽或饲料床内，蚯蚓便陆续钻入笼中采食，待集中到一定数量后，再把笼具取出来即可。

第五章　黑凤鸡的繁殖

在养殖生产中繁殖是最关键的环节之一，繁殖是一个使后代产生，种族延续的过程。繁殖的成功，对保护物种的遗传多样性有重要的意义，同时也意味着种群数量的增长，繁殖数量越多，经济效益会越大。如果不能正常繁殖，种群的数量不增或增加很少，会导致经济效益低或亏损。因此，饲养者应充分重视黑凤鸡繁育这个环节。

第一节　引种

到怎样的公司引种，意味着你选择了怎样的合作伙伴。无论到哪个公司引种，都必须看看这个公司有没有生产许可证、有没有丰富的养殖经验、有没有较强的技术力量、规模怎样、管理怎样。生产水平不高的鸡场，是很难提供具有高产能力的种鸡。只有引进生产性能高，遗传性能比较稳定，没有疾病的鸡种，才能达到应有的饲养水平。希望广大养鸡户引种前要特别慎重，多考查，多了解，把好引种关。引种时要根据自己的资金条件选择是引种鸡、雏鸡还是种蛋，切记在购买黑凤鸡过程中要和孵化场或种鸡场签订雏鸡订购合同，保证黑凤鸡的数量和质量，同时确定大致接雏日期，以便育雏舍提前预热和其他准备工作的进行。

一、种鸡的引进

(一) 选种

对于初养黑凤鸡的养殖户来说，如何挑选种鸡绝对是大家非常关心的问题。但并不是每一个养殖场都能培育出优质高产的种鸡，因为种鸡要经过 3 次严格的挑选，如果其养殖场本身养的不多，是不可能挑选出数量多的合格种鸡的。

成年黑凤鸡应选择具有典型品种特性的鸡，身体健壮，站立时姿势平稳，走动时步伐自然，动作灵活，尾部上翘。雄鸡外貌无缺陷，第二性征明显，啼叫声高昂。成年母鸡体重 1.1 ~ 1.25 千克，公鸡 1.5 ~ 1.75 千克。公母比例 1：(8 ~ 10)。

为纯化和提高中国黑凤鸡的种用性能，必须进行本品种繁育，重视家系选择和后裔选择。种鸡利用期为 1 ~ 2 年，每年要在后代中选择优良个体组成后备鸡群，做好系谱记录，对留种后备鸡要按不同家系（或品系）分栏饲养，防止近亲交配，以提高生产性能。种鸡 6 月龄开产，开产前 2 个星期按黑凤鸡特征严格进行选种，种鸡应具备中国黑凤鸡的"十大"品种特征（黑丝毛、乌皮、乌肉、乌骨、桑椹冠、缨头、绿耳、胡须、毛脚、五爪）。其中，黑丝毛是基本特征，而乌肉、乌骨的外在表现为黑舌，黑舌是中国黑凤鸡的品质特征，只有黑丝毛、黑舌头（或浅乌）的个体才是最优良的中国黑凤鸡。同时要求种鸡体质健壮，发育正常，毛色润泽。凡有杂毛、片毛等失色的个体则严格淘汰。种公鸡要胸宽背圆，雄气勃勃，冠大竖立；种母鸡要背宽腹深，性清温顺。开产前种鸡体重，公鸡约为 1 250 克，母鸡 1 000 克；年产蛋量为 110 ~ 160 枚；公母比例宜为 1：10，若群体小时，公鸡留种数量要比实际需要的多一些，以作备用。种蛋受精率、受精蛋孵化率，均要求达 90% 以上。

（二）运输

1. 运输前的准备

① 选择运输方式。可采用运输的方式很多，如各种汽车、火车、轮船等都可以。原则是选用既安全可靠，运输费用又低的方式。

② 运输笼。黑凤鸡易惊怕人。根据黑凤鸡的这一特性，运输黑凤鸡必须采用封闭式运笼，以减少人为干扰，避免损失。

③ 饲料准备。应选用黑凤鸡原场的日常饲料，饲料要符合卫生要求，并要根据运输距离，时间和黑凤鸡数量备足饲料。一般每日每只需配合饲料 65~75 克。所备饲料数量最好留有余地，以备不测事件而致运输迟滞。

④ 人员。黑凤鸡运输的押运人员，要由身体健康、责任心强，有一定工作经验的人来承担。人数要根据运输规模确定。押运人员应携带检疫证，身份证，合格证和畜禽生产许可证以及有关的行车手续。

⑤ 其他用具。要根据饲养管理、维修和防寒、防暑等的需要，备好喂食工具（如食槽、水槽、小水桶、勺等）、绳子、钉子、钳子、小锤、纤维布、苫布、急救药品等。

⑥ 装笼。装笼运输过程中，黑凤鸡的密度应根据黑凤鸡的体型大小、气候、路途远近、运输时间等而定。长 100 厘米、宽 60 厘米、高 40 厘米的运笼，一般可容纳成年雄黑凤鸡 12~13 只，成年雌黑凤鸡 10~11 只。为尽量减少对黑凤鸡的干扰，应尽量缩短黑凤鸡在笼内的停留时间以及装箱后到装车启运的时间。

2. 运输途中的饲养管理

黑凤鸡装笼后，最好立即装车启运，如需在装车启运前一天装笼，则装完后要喂食，每笼投放一棵白菜，以防黑凤鸡互相刁斗致伤致死。在装车及运输途中应注意以下问题。

① 装卸时要轻抬轻放，不要翻转运笼，以尽量使黑凤鸡保持安静，减少撞伤死亡。

② 装车时每行笼间要保留 3 厘米距离，以便于通风换气和防止黑凤鸡中暑死亡。

③ 放笼层数一般以 4 层为宜，最多不超过 5 层。放笼层数过多，则放笼过高，既不便于管理，还易造成上层笼温度过高。

④ 喂食要定时定量。冬天或在北方早晨 8 点和下午 3 点各喂饲一次，夏天或在南方最好每天喂 3 次，中午喂食要稍稀些，以补充饮水。饲料要保持新鲜不变质，现喂现调制，调制方法是把饲料加入适量水，搅拌均匀，呈干粥样即可。

⑤ 注意通风换气。夏季运输或运往南方，因气温过高，要适当打开窗门以便通风降温；如汽车运输，夏季最好夜间行驶，中途休息时，尽量把车停在树荫下。冬季运输要采取防寒、防风、保温措施。

⑥ 中转换车若在行李车内装笼时，要把两个笼相对排列，以防跑鸡。冬季要用苫布盖好运笼，以防寒防感冒。夏季要带苫布防雨。装车之后要用绳子把笼捆扎牢固，防止掉笼和颠簸造成损失。

⑦ 押运人员要认真负责，不能远离黑凤鸡群，要经常检查黑凤鸡笼和笼内、车内温度、黑凤鸡的状态等。

3. 运回场内的暂养管理

① 设立隔离检疫场（区）。依照国家动物检疫法和动物检疫管理办法的具体规定，新引进的黑凤鸡不宜直接放在场内饲养，应在单辟的隔离场或隔离区内暂养观察半个月左右，确认健康无疾患时方可移入场内饲养。

② 到场后先饮水，后少量喂食。饲料要逐渐增加，2~3 天后再喂至常量，以免黑凤鸡因运输后饥饿而大量采食，造成消化不良。

③ 运输工具消毒处理。对所有运输工具，特别是运输器具要及时清理和消毒处理，以备再用。

二、雏鸡的引进

雏鸡选得好与差，和养鸡生产是否进行顺利关系很大，在饲养管理条件和技术水平同等优越的情况下，质量好的鸡苗死亡率低，质量差的鸡苗死亡率较高。故在购买鸡苗时，如何选择健壮的雏鸡，直接关系到黑凤鸡生产的经济效益。

（一）选择雏鸡

由于种用黑凤鸡的健康、营养和遗传等先天因素的影响，以及孵化、长途运输与出壳时间过长等后天因素的影响，初生雏中常出现有弱雏、畸形雏和残雏等，对此需要淘汰。因此，选择健康雏鸡是育雏成功的首要工作。雏鸡选择应从以下几个方面进行。

1. 选健雏

健雏表现活泼好动，无畸形和伤残，反应灵敏，叫声响亮，眼睛圆睁。而伏地不动，没有反应，腹部过大过小，脐部有血痂或有血线者为弱雏。

2. 绒毛

健雏绒毛丰满，有光泽，干净无污染。绒毛有黏着的则为弱雏。

3. 手感

健雏手握时，绒毛松软饱满，有挣扎力，触摸腹部大小适中、柔软有弹性。

4. 体重

初生雏平均体重在35克以上，同一品种大小均匀一致。

（二）雌雄鉴别

因为黑凤鸡生产的需要，对初生雏鸡进行雌雄鉴别，将公雏及时淘汰或育肥，可提高鸡群均匀度和饲料报酬，具有明显的经济效益。初生黑凤鸡雏鸡雌雄鉴别的方法主要有羽速鉴别法、肛门鉴别法、机械鉴别法。

1. 羽速鉴别

因为商品代黑凤鸡有快羽型和慢羽型两个品系，因此，出壳后检查雏鸡翼羽生长情况即可鉴别雌雄。检查时，左手握住雏鸡，右手展开初生雏鸡的翅膀，在明亮的光源之下，通过检查翅膀上的主翼羽和覆主翼羽来鉴别（注意必须从翅膀的下面而不是上面进行检查）。翅膀下部边缘长出的羽毛为主翼羽，从翅膀上部边缘长出的为覆主翼羽，它覆盖在主翼羽的表面。检查主翼羽长度与覆主翼羽长度之间的关系比检查这些羽毛的绝对长度更为重要，因为这些羽毛的绝对长度取决于雏鸡出壳时间的长短。

鉴别时主翼羽明显长于覆主翼羽的在快羽型中为母雏，而在慢羽型中则为公雏。慢羽的类型比较多，有时容易出错，需要引起注意。慢羽主要有 4 种类型：①主翼羽短于覆主翼羽；②主翼羽等长于覆主翼羽；③主翼羽未长出；④主翼羽等长于覆主翼羽，但是前端有 1~2 根稍长于覆主翼羽，这种类型最容易出错。

2. 肛门鉴别法

肛门鉴别法是利用翻开雏鸡肛门观察雏鸡生殖隆起的形态来鉴别雌雄的方法，这种方法的准确率可达到 96% ~100%，使用相当广泛。雏鸡出壳后 12 小时左右是鉴别的最佳时间，因为这时公母雏生殖突起形态相差最为显著，雏鸡腹部充实，容易张开肛门，此时雏鸡也最容易抓握；过晚实行翻肛鉴别，生殖突起常起变化，区别有一定难度，并且肛门也不易张开。鉴别时间最迟不要超过出壳后 24 小时。

运用肛门鉴别法进行鉴别雏鸡雌雄的操作方法是由抓握雏鸡、排粪翻肛、鉴别放雏 3 个步骤组成。

（1）抓雏、握雏　雏鸡抓握的手法有两种，即夹握法和团握法。

①夹握法。将雏鸡抓起，然后使雏鸡头部向左侧迅速移至左手；雏鸡背部贴掌心，肛门向上，使雏鸡颈部夹在中指与无名指之间，双翅夹在食指和中指之间，无名指与小拇指弯曲，将鸡两爪夹

在掌面。

②团握法。左手朝鸡雏运动方向，掌心贴着雏鸡背部将其抓起，使雏鸡肛门朝上团握在手中。

（2）排粪、翻肛、鉴别　在鉴别雏鸡之前，必须将粪便排出。用左手大拇指轻压雏鸡腹部左侧髋骨下缘，使粪便排进粪缸内。粪便排出后，左右拇指（左手握雏）从排粪时的位置移至雏鸡肛门的左侧，左手食指弯曲贴在雏鸡的背侧；同时将右手食指放在肛门右侧，右手拇指放在雏鸡脐带处；位置摆放好后，右手拇指沿直线往上方顶推，右手食指往下方拉，并往肛门处收拢，三个手指在肛门处形成一个小的三角形区域，三个手指凑拢一挤，雏鸡肛门即被翻开。看到其中有很小的粒状生殖突起就是雄雏，无突起者就是雌雏。鉴别最好在雏鸡出壳后12小时左右进行，时间过长生殖突起常有变化，增加鉴别困难。

（3）翻肛操作注意事项　鉴别工作轻捷，速度要快。动作粗鲁易造成损伤，影响雏鸡的发育，严重者会造成雏鸡的死亡。鉴别时间过长，雏鸡肛门易被排出的粪便或渗出物掩盖无法辨认生殖隆起的状态；为了不使雏鸡因鉴别而染病，在进行鉴别前，每个鉴别人员必须穿工作服和鞋；戴帽子和口罩，并用新洁尔灭消毒液洗手消毒；鉴别雌雄是在灯光下进行的一种细微结构形态的快速观察。灯采用具有反光罩的灯具，灯泡采用40~60瓦乳白灯泡；鉴别盒中放置雏鸡的位置要固定而一致。例如，规定左边的格内放雌雏，右边的格内放雄雏，中间的格子是放置为鉴别的混合雏鸡；鉴别人员坐着的姿势要自然，使持续的鉴别不致疲劳；若遇到肛门有粪便或渗出物排出时，则可用左手拇指或右手食指抹去，再行观察；若遇到一时难以分辨的生殖隆起时，则可用二拇指或右手食指触摸，并观察其弹性和充血程度，切勿多次触摸；若遇到不能准确判断时，先看清生殖隆起的形态特征，然后再进行解剖观察，以总结经验；注意正常型和异常型的比例及生殖隆起的形状差异。

3. 器械鉴别法

器械鉴别法是利用专门的雏鸡雌雄鉴别器来鉴别雏鸡的雌雄。

这种工具的前端是一个玻璃曲管，插入雏鸡直肠，通过直接观察该雏鸡是否具有卵巢或睾丸来鉴别雌或雄。这种方法对于操作熟练者来说，其准确度可达98% ~ 100%。但是，这种方法鉴别速度较慢；且由于鉴别器的玻璃曲管需插入雏鸡直肠，使雏鸡易受伤害和容易传播疫病，因而使应用受到了限制。

（三）雏鸡的运输

目前黑凤鸡生产已达到集约化商品生产水平，绝大部分饲养者都是依靠专业的种鸡场或孵化场提供雏鸡，雏鸡运输工作成为育雏管理的一个重要环节，特别是有些雏鸡需经长途运输才抵达饲养场地，如何避免运输途中的死亡，减少运输过程中对雏鸡的应激，缓解雏鸡体质的下降，已日益引起生产者的重视。

1. 运输方式

雏鸡的运输方式依季节和路程远近而定。汽车运输时间安排比较自由，又可直接送达养鸡场，中途不必倒车，是最方便的运输方式。火车也是常用的运输方式，适合于长距离运输和夏、冬季运输，安全快速，但不能直接到达目的地。

2. 携带证件

雏鸡运输的押运人员应携带检疫证、身份证、合格证和雏禽生产经营许可证以及有关的行车手续。

3. 运输要点

一般认为，雏鸡在出壳48小时内可以不饮水不采食，对雏鸡体质健康不会产生明显的影响，因为雏鸡出壳前吸收的卵黄，可以继续供给雏鸡营养，满足其约48小时内的营养和水分需要。若气温高又干燥，维持的时间不超过36小时。因此，雏鸡的长途运输如果中途无法停留喂食时，应尽力争取在48小时内完成运输过程。另外，同一批雏鸡出壳时间有早有迟，相差约12小时，考虑运输时间时，应把这个因素考虑进去。如长途运输时间较长或气候干燥炎热，可将绿豆芽切成米粒状，撒进箱内，雏鸡会啄食，可缓解脱水发生。

汽车运输时，车厢地板上面铺上消毒过的柔软垫草，每行雏箱之间、雏箱与车厢之间要留有空隙，最好用木条隔开，雏箱两层之间也要用木条（玉米秸、高粱秸均可）隔开，以便通气。

经长途或长时间运输的雏鸡，到达饲养地后，先要供给饮水，因为这时雏鸡都有不同程度的脱水，而且供给的饮水最好是带电解质的生理盐水，以利恢复雏鸡体内的液体，维持体液酸碱平衡。

三、种蛋的引进

种蛋品质的好坏与孵化率的高低、初生雏鸡的品质及其他以后的健康、生存力和生产性能都有密切的关系。因此，种蛋必须根据具体情况进行严格认真的挑选。

种鸡生产的鸡蛋并不全是合格种蛋，有一部分是不符合孵化要求的，需要剔除。

1. 种蛋来源

了解种鸡场情况，包括种鸡状况、种鸡群体是否健康、种鸡营养水平等。凡是用来育雏的种蛋，都必须要求来源于饲养、管理正常的健康鸡群，以免出现病症。

2. 种蛋选择

① 种蛋品质要新鲜，以 10 天内产的蛋最好，孵化率较高，孵化出的雏鸡较健壮。

② 种蛋形状大小要合适，过大、过小、过圆、过长的蛋都不适宜孵化。

③ 蛋的结构要正常，薄壳蛋、"沙皮蛋"、厚壳蛋都不适宜用来孵化。

④ 要清洁，没有裂纹，过脏的蛋和破蛋常受微生物污染，容易腐败及污染孵化器。

此外，种蛋应来源于饲养管理正常的健康种鸡群。

3. 种蛋的运输

种蛋运输应包装完善，以免震荡而遭破损。常采用专用蛋箱装运，箱内放 2 列 5 层压膜蛋托，每枚蛋托装蛋 30 枚，每箱装蛋 300 枚或 360 枚。装蛋时，大头向上，盖好防雨设备。

在运输过程中应尽量避免阳光照晒，阳光会使种蛋受温而促使胚胎不正常发育。由于胚胎不正常发育，蛋箱包装紧闭，箱内空气不流动，很容易导致胚胎不正常发育死亡，特别是气温超过 30℃时。但气温低于 5℃时，种蛋的胚胎虽不发育，也很易致死。在运输过程中，还要注意防止雨淋受潮，种蛋被雨淋后，蛋壳膜受破坏，细菌易于侵入并且大量繁殖。要严防运输中强烈震动，因为强烈震动可导致气室移位、蛋黄膜破裂、系带断裂等严重情况，造成孵化率下降。

种蛋运输到目的地后，应尽快开箱码盘，如有被破蛋液污染的，可用软布擦干净，随即进行消毒、入孵，不宜再保存。有资料表明，种蛋经运输后尽快入孵可避免孵化率的进一步下降。

第二节　配种与人工授精

黑凤鸡母鸡的性成熟期为 150 天左右，但个体性成熟差异较大，个体开产时间很不整齐，早产 5 月龄已开产，迟者到 7 月龄仍不开产。一般公鸡饲养至 6~7 月龄即可配种。

一、自然交配

公鸡生长发育性成熟前和母鸡在产蛋前应分群，当成年公鸡性成熟可以配种时，才与产蛋母鸡同笼饲养，进行自然交配。在实际生产中，黑凤鸡多行分群自然交配。

1. 大群交配

在较大数量的母黑凤鸡内，按公母为 1：（8~10）的比例放入公黑凤鸡，任其自由交配，使任何一只公、母黑凤鸡都有自由配种的机会。这种配种方法，受精率比较高，可节省人力、管理简便，常用于繁殖纯系，但这种方法无法确知系谱，代数多了容易造成种群质量退化，应该定期（每隔几年）进行一次血液更新。这种方法一般在繁殖鸡场使用。

2. 小群配种

将一只公黑凤鸡和 12～13 只母黑凤鸡放于 1 个配种小间内，单独饲养，母黑凤鸡可以不作记号，但公黑凤鸡必须带肩号或脚号，这种方法在管理上比较烦琐，但通过家系繁殖可较好的观察黑凤鸡的生产性能，尤其是公黑凤鸡的交配能力（种蛋受精率）。用此种方法繁殖黑凤鸡，进行家系间的杂交，可以避免黑凤鸡的近亲繁殖。但使用此方法时，应密切注意公黑凤鸡是否确有射精能力。如无射精能力或发现种蛋无精，要立即更换新种公鸡。

二、人工授精

人工授精是利用器械，以人工的方法，将采集的动物精液输入雌性动物生殖器官内使其受精。该法配种受孕高，能迅速提高动物的质量，改良和培育新的品种。

种鸡笼养开展人工授精，不仅可以充分利用优良种公禽，提高种蛋受精率和孵化率，减少种禽的饲养量，节省饲养成本，而且有利于开展和加速育种工作，减少种禽配种疫病的传播。

1. 人工授精种鸡的选择

种雄鸡的选留相当重要，它直接影响雌鸡的生产效率。因此，必须完全符合本品种的外貌特征，雄性特征明显，要求头高昂，鸣叫雄壮有力，发育良好，体态健壮，且生产性能好，健康无病。一般在 90 日龄时进行第 1 次选择，按照每 10 只雌鸡留 1 只雄鸡比例选留；在 120 日龄按照 1∶20 比例选留；在 180 日龄时按照 1∶30 的比例选留。应注意在选好种雄鸡后，还应再选 8%～15% 后备种雄鸡。雌鸡要符合育种要求，发育正常，泄殖腔宽松、湿润，无炎症。

2. 采精技术

采精方法多采用背腹式按摩法，采精时两人操作，先将公鸡泄殖腔周围的羽毛剪光消毒，助手用两手分别握住公鸡两腿，使成自然宽度分开，将鸡头向后成卧姿，采精人员先用左手轻轻在公鸡背部至尾部由前向后抚摸数次后，按住尾羽，并用右手大拇指与食指在鸡泄殖腔两下侧、腹部柔软处，做轻快抖晃按摩 30 分钟左右，引起公鸡强烈的性感，使泄殖腔内侧壁射出精液。公鸡射精时，采精人员要迅速将事先经洗净消毒好的采精杯靠至泄殖腔中收集精液。采精后，迅速将精液置于 25～30℃环境中，最好能在 30 分钟内采精完毕，以免降低精液品质而影响采精率。一般每隔 1 天可采精 1 次，每次射精量 0.4～1.5 毫升。

3. 输精

输精应选择在母鸡产完蛋以后进行。输精器常用连接有塑料小胶管的卡介苗注射器带橡皮吸头的普通滴管。给种母鸡输精时，助手用左手握住母鸡两腿，将母鸡轻夹于左腋下，使鸡头向下，以右手在泄殖腔两侧的柔软部位按摩并适当向上推压腹部，同时，用左手微向后拉，并向胸骨处稍加压力，使输卵管外翻，这时，输精人员将吸有精液的输精器插入母鸡阴道内 1～1.5 厘米深度后，即可注入精液。用新鲜精液输精时，每只输入 0.025 毫升。输精后，要轻轻将种禽放回笼内精心饲养。采精或输精切忌粗暴，动作要轻快准确。采精器和输精器都必需严格消毒，所有与精液接触的器械都应用生理盐水清洗。每输 1 只鸡要用卫生棉花擦拭输精管，最好每输 1 只母鸡换一根输精管，以防相互感染疫病。

第三节　孵　化

一、种蛋的保存与消毒

（一）种蛋的保存

种蛋的保存要求时间越短越好，出雏率也就越高，一般保存 1

个星期对孵化率不会有太大的影响。

1. 种蛋保存的温度

黑凤鸡胚胎发育的临界温度为 23.9℃，保存种蛋的适宜温度应为 10~15℃，若保存时间在 1 周以内，以 15~16℃为宜；保存 2 周以内，则把温度调到 12~13℃；3 周以内以 10~11℃为佳。

2. 种蛋保存的湿度

种蛋保存期间蛋内水分通过气孔不断蒸发，其速度与贮蛋库的湿度成反比。为使蛋内水分尽量减少蒸发，必须提高贮蛋的湿度，一般相对湿度保持在 70%~75%，这样既能明显降低蛋内水分蒸发，又可防止细菌滋生。另外，在地下水位高的地方，要防止相对湿度过大，造成霉蛋。种蛋保存 3 周时间，湿度可以提高到 85% 左右。

3. 种蛋的保存时间

有空调的种蛋贮存库，种蛋保存 2 周以内，种蛋孵化率下降幅度小；2 周以上，孵化率下降明显；3 周以上，孵化率急剧下降。一般种蛋保存以 5~7 天为宜，不要超过 2 周。如果没有适宜的保存条件，应尽量缩短保存时间。温度在 25℃以上时，种蛋保存最多不超过 5 天；温度超过 30℃时，种蛋应在 3 天内入孵。

4. 种蛋保存位置

一般认为种蛋保存应大头向上，可防止系带松弛，蛋黄贴壳。据报道，种蛋小头向上能提高种蛋孵化率。因此，在种蛋贮存超过 1 周，采用种蛋小头向上不翻蛋的存放方法，可以节省劳力。

5. 种蛋保存期翻蛋

保存期间翻蛋的目的，是防止胚胎与壳膜粘连，以免胚胎早期死亡。在种蛋保存 7 天以内不必翻蛋。超过 7 天，每天翻蛋 1~2 次。

（二）种蛋的消毒

消毒种蛋能提高孵化率和减小出壳后雏鸡染病率和死亡率。所以每天当收集到一定数量的种蛋后都要对其进行消毒，在入孵之前也须再次消毒。方法有以下几种。

① 用新洁尔灭消毒，用法用量按说明使用。

② 用 1/5 000 的高锰酸钾水浸泡 3～5 分钟。

③ 每立方米用 40% 的福尔马林 28 毫升和高锰酸钾 14 克反应熏蒸消毒 20 分钟，此方法一般用于种蛋入库前的消毒。

不管使用何种消毒方式，消毒药品必须是高效低毒的，水温须达到 40℃，喷雾的水温达到 45℃，熏蒸消毒的环境温度达到 20～25℃，湿度达到 70%～80%，湿度达不到时可在福尔马林中加入 20% 水。

二、种蛋的孵化

黑凤鸡基本失去就巢性，即使有少部分黑凤鸡有就巢现象，也会在很短的时间内醒巢。因此，黑凤鸡的孵化，只有采用人工孵化法，规模化养殖可采用电孵化机孵化，数量较少可选用其他孵化法，孵化方法与家鸡一样。

无论采取哪种孵化方式，其孵化原理都是相同的，都要保证供给适宜的孵化温度、湿度，定期翻蛋、通风、凉蛋和照蛋。但是不同的孵化方法与孵化工艺，其工作量、劳动效益和孵化效果却不尽相同。自然孵化效率低，只适合少量生产使用。人工孵化中的温室孵化、火坑孵化、塑料热水袋孵化法、桶孵法、温水孵化法等孵化方式，虽然成本较低，但劳动量大，效率较低，不能满足规模化生产的要求。使用孵化器孵化鸡蛋，需要投入的资金成本较高，自动化程度也高，工作效率，孵化率也相对较高，还节省了大量的劳动力资源。

养殖户可以根据所具备的条件，选择一种适合自己的孵化方法。主要考虑的因素有以下几个方面：如养殖的规模、场地空间的大小、物质条件、经济实力和人员的素质等，进行综合分析。一般来说，养殖规模较大的养殖场，经济实力较强，供电条件好的，应首先考虑用机械孵化器来孵化。因为先进的孵化器可以实现温度、湿度的自动控制，自动翻蛋、自动通风与自动报警，准确可靠，既可节省劳动力，孵化率也会更高。而规模较小、经济条件有限或供电条件不好的，可以采用其他的孵化方式。这些方法虽成本低，但消耗的劳动力资源会多一些，且需要一定的经验，总结摸索出孵化规律。

（一）自然孵化

孵化宜在春、秋季进行，以春季孵化为好。孵化方法一般分为自然孵化和人工孵化两种，农家采用自然孵化，让母鸡自孵自养。自然孵化的方法是选用当地的土种就巢母鸡，一般 1.5 ~ 2 千克体重的抱鸡，每窝可以抱蛋 15 ~ 20 只。孵化期内照蛋 2 次，分别在孵化后的第 7 天和第 15 天进行。如发现就巢母鸡不离窝采食、饮水、活动和排粪等，可轻轻将它从窝内抱出饮水、采食、活动和排粪，经 10 ~ 20 分钟再将它送回窝中孵蛋。如在天冷时进行抱鸡离窝，应注意给孵蛋盖上破棉衣等保温物，使孵蛋保温。鸡的孵化期为 21 天。自然孵化的存活率高于人工孵化。

（二）人工孵化

孵化时最好采用珍禽用系列中小型煤、电、气多功能全自动孵化机，操作方便，停电也可保证正常孵化。孵化室要保温、保湿、通风良好。室温保持为 20 ~ 24℃，相对湿度保持在 55% ~ 60%。种蛋入孵时大头朝上，贮存蛋入孵前应先放在 23℃ 条件下预温 18 小时，以免入孵后蛋壳表面"出汗"而影响孵化率。

种蛋入孵后的管理，主要有以下几点。

（1）温度 孵化较适宜的温度为 37.8℃，出雏时温度恒定在 37.0℃ 左右。孵化初期（1 ~ 7 天）温度宜稍高些，中期（8 ~ 18 天）温度保持恒定，后期（19 天后），机内温度宜稍低些，冬天 37.5℃、夏天 37.2℃。

（2）湿度 孵化初期机内相对湿度 60% ~ 65%，中期 50% ~ 55%，后期 65% ~ 75%。

（3）翻蛋和晾蛋　每2小时翻蛋1次，每天6~8次，有自动翻蛋机的可每小时翻1次。翻蛋角度以水平位置前俯后仰各45°为宜。动作要轻、慢、稳。如孵化条件在适宜的范围内可不必晾蛋，但夏季气温30℃以上，胚胎孵化到中期机内温度偏高时，需要晾蛋。晾蛋常与翻蛋同时进行，每天晾蛋1~2次，孵化中期每次5~15分钟，后期每次10~20分钟。

（4）通风与换气　夏季气温高、湿度大，机内热量不易散发，要增加通风换气量，特别是出雏机更要通风良好。

（5）照蛋　孵化期间，一般照蛋2次，第1次在入孵后5~7天进行，及时取出无精、死胚、弱胚和破蛋；第2次照蛋在18天或19天，结合落盘进行。

（6）出雏　在孵化的第19天，照蛋后将活胚移至出雏盘中。此后停止翻蛋，增加水盘，提高湿度，以备出雏。20天大量出雏，每隔4小时捡雏1次。21天对个别不出壳的可实行人工助产，剥掉部分卵壳，轻轻拉出鸡胚头部，让其自行出壳，然后置于22~25℃暗室中的雏箱内休息。正常情况下，孵满21天出雏可全部结束。

（7）消毒　每次出雏后应对出雏机、出雏盘、蛋盘、出雏室等进行清洗消毒。对死胚蛋及蛋壳进行无害化处理。对于入孵出雏一体的孵化机在清洗时应注意机箱内温度不宜过低，可提高室温后再清洗。

三、孵化过程中胚胎的发育

正常的黑凤鸡孵化期为21天，在整个孵化期内给予适当的温度、湿度、通风和翻蛋等孵化条件，雏鸡应在20~21天内破壳而出，在这个时期内出壳的小鸡，健雏率高，育雏期存活率高。因此，了解黑凤鸡胚胎发育不同时期的主要特征，按照胚胎发育的状况给予相应的孵化条件，使胚胎的孵化期在20.5~21天。黑凤鸡鸡胚胎发育的主要特点如下。

第 1 天：受精的卵细胞，在产出的过程中，在输卵管内停留了约 24 小时，胚胎已经开始发育，卵细胞已进行了多次分裂。至种蛋产出体外时，鸡胚已发育为内、外胚层的原肠期，剖视受精蛋，肉眼可见形似圆盘状的胚盘。经第 1 天的孵化，胚盘直径约 0.7 厘米，在胚盘的边缘出现许多红点，称"血岛"。

第 2 天：胚盘直径 1.0 厘米，卵黄囊、羊膜、绒毛膜开始形成，胚胎的头部从胚盘分离出来，血岛合并形成血管。入孵 25 小时后，心脏开始形成，30～42 小时，心脏已经跳动，可见到卵黄囊血管区，形似樱桃，俗称"樱桃株"。

第 3 天：胚长 0.55 厘米，尿囊开始长出，胚的位置与蛋的长轴成垂直，开始形成前后肢芽，眼的色素开始沉着，照蛋可见胚和伸展的卵黄囊血管，形似一只蚊子，俗称"蚊虫株"。

第 4 天：胚和血管迅速发育，卵黄囊血管包围达 1/3，胚胎的头部明显增大，肉眼可见尿囊、羊膜腔的形成，照蛋时蛋黄不容易转动，胚胎和卵黄囊血管形似一只蜘蛛，俗称"小蜘蛛"。

第 5 天：胚胎进一步增大，胚长约 1.0 厘米，眼有大量的色素沉着，照蛋可见明显的黑色眼点，俗称"黑眼"。

第 6 天：可见胚胎有规律地运动，蛋黄增大，卵黄囊分布在蛋表面的 1/2 以上，由于躯干部增大和头部形似两个小珠，俗称"双珠"。

第 7 天：胚胎已形成鸡的特征，尿囊液大量增加，胚胎自身已有体温。照蛋时由于胚在羊水中，不易看清，血管布满半个蛋表面。

第 8 天：胚长已达 1.5 厘米，颈、背、四肢出现羽毛乳头，照蛋时见胚在羊水中浮动，背面蛋的两边蛋黄不易晃动，俗称"边口发硬"。

第 9 天：剖检已见心、肝、胃、肾、肠等器官发育良好，尿囊几乎包围整个胚胎，照蛋时见卵黄两边易晃动，尿囊血管伸展越过卵黄囊，俗称"串筋"。

第 10 天：胚已长达 2.1 厘米，尿囊血管已伸展到蛋的小头，并且合拢，整个蛋布满血管，称"合拢"。

第 11 天：胚进一步增大，尿囊液达到最大量，背部出现绒毛，血管变粗。

第 12 天：胚长已达 3.5 厘米，身躯长出绒毛，胃、肠、肾等已有功能作用，开始用嘴吞食蛋白。

第 13 天：鸡胚的绒毛等皮肤系统发育进一步完善，照蛋时蛋的小头发亮部分已逐步减少。

第 14 天：胚胎全身覆有绒毛，头向气室，胚胎改变与蛋的长轴垂直的位置，改为与蛋的长轴相一致。

第 15 天：胚胎已经发育形成了鸡体内外的器官。

第 16 天：胚长约 6 厘米，明显可见冠和肉髯，大部分蛋白进入了羊膜腔。

第 17 天：羊水、尿囊液开始减少，躯干增大，脚、翅、颈变长，眼、头相应的变小，两腿紧抱头部，蛋白全部进入羊膜腔，照蛋在小头看不见发亮的部分，俗称"封门"。

第 18 天：羊水、尿囊液进一步减少，头弯曲在右翼下，眼开始睁开，肺脏血管几乎形成，但还未进行肺呼吸，胚胎转身，照蛋见气室倾斜，俗称"斜口"。

第 19 天：卵黄囊收缩将大部分蛋黄吸入腹腔，颈、翅突入气室，头埋右翼下，两腿弯曲朝头部，呈抱物姿态，以便于破壳时撑张，发育较早的鸡胚先破壳，可闻雏鸡鸣叫声。19 天又 18 小时后，大批雏鸡已啄壳。

第 20~21 天：尿囊完全枯干，将全部蛋黄吸入腹腔，雏鸡啄壳后，沿着蛋的横径逆时针方向间隙破壳，直至横径 2/3 周长的裂缝时，头和双脚用力蹬挣，破壳而出。

四、孵化各期胚胎死亡原因

在孵化过程中，孵化期延长或缩短都会对孵化率和雏鸡造成不良的影响。孵化温度高、胚胎发育过快，则孵化期缩短，孵出的雏鸡呈脱水状态，1周龄内死亡率很高。孵化温度低，则孵化期延长，雏鸡的卵黄吸收不良，"大肚脐"雏鸡比例很高，对雏鸡的健壮也很不利。黑凤鸡孵化各期胚胎死亡的原因主要有以下几种。

（1）前期死亡（1～6天）　种鸡的营养水平及健康状况不良，主要是缺维生素A，维生素B_2，种蛋贮存时间过长，保存温度过高或受冻；种蛋熏蒸消毒不当，孵化前期温度过高；种蛋运输受剧烈震动；遗传性。

（2）中期死亡（7～12天）　种鸡的营养水平及健康状况不良，如缺维生素B_2，胚胎死亡高峰在第9～12天；缺维生素D_3时出现水肿现象；污蛋未消毒；孵化温度过高，通风不良；若尿囊未合拢，除发育落后外多系翻蛋不当所致。

（3）后期死亡（13～18天）　种鸡的营养水平差，如缺维生素B_{12}，胚胎多死于第16～18天；气室小，系湿度过高；胚胎如有明显充血现象说明有一阶段高温；发育极度衰弱系温度过高；在小头打嘴，系通风换气不良或小头向上入孵。

（4）闷死壳内　出雏时温度湿度过高，通风不良会出现胚胎软骨畸形，胎位异常；卵黄囊破裂颈腿麻痹软弱等。

（5）掏洞后死亡　若洞口多黏液系高温高湿所至；第20～21天通风不良，在胚胎利用蛋白时遇到高温蛋白未吸收完。如尿囊合拢不良，卵黄未进入腹腔属移盘时温度骤降。

五、孵化过程中停电事故的处理

采取电孵化的单位应配备发电机，以便万一停电时自行供电。如无法供电或电孵机出现故障时，应采取如下应急措施。

当室温在21℃以上、停电时间在15小时以内时，可将机门和通风孔关闭，防止机内温度过分下降。当室温低应设法提高室温。胚龄在11天以上的鸡蛋，由于自身产生大量生理热，当机内鼓风停止时，常会出现上层温度高于下层情况，这时应每隔6小时上下调盘一次，或每隔半小时摇动风机2～3分钟，使机内上下温度均匀。如胚龄已在 16 天以上，应随时检查蛋温，每隔 2~3 小时调盘一次，将进出通风机全部打开，适当增长摇风扇时间以驱散机内多余积热。

当室温超过 30℃时停电，应将机门打开，排散机内热量后再将门关上，对胚龄超过 10 天的鸡蛋更要注意，否则很容易超温而发生事故。

六、衡量孵化效果的指标

每一批种蛋出雏后，应根据照蛋时拣出的无精蛋、死胚蛋、破蛋、出雏的健雏数、残弱雏数、死雏数及死胚数等完整的记录资料，按下列各主要孵化性能指标，进行资料的统计分析。

1. 受精率

$$受精率（\%）= \frac{受精蛋数}{入孵蛋数} \times 100$$

其中受精蛋包括活胚蛋和死胚蛋，正常孵化水平应达到 90%以上。

2. 早期死胚率

$$早期死胚率（\%）= \frac{1~5 胚龄死胚数}{受精蛋数} \times 100$$

一般按头照时的死胚数，正常水平应在 1.0%~2.5%范围内。

3. 受精蛋孵化率

$$受精蛋孵化率（\%）= \frac{出雏的全部雏鸡数}{受精蛋数} \times 100$$

出雏的雏鸡数包括健雏、残弱雏和死雏，高水平应达到 92%以上，此项是衡量孵化场孵化效果的主要指标。

4. 入孵蛋孵化率

此项指标是一个综合性的指标，它是衡量孵化场综合生产性能的指标。

$$入孵蛋孵化率（\%）= \frac{出雏的全部雏鸡数}{入孵蛋数} \times 100$$

高水平孵化可达到87%以上，该项反映种鸡场及孵化场的综合水平。

5. 健雏率

$$健雏率（\%）= \frac{健雏率}{出雏的全部雏鸡数} \times 100$$

高水平应达98%以上，孵化场多以售出雏鸡视为健雏。

6. 死胚率

$$死胚率（\%）= \frac{死胚蛋数}{受精蛋数} \times 100$$

死胚蛋一般指出雏结束后扫盘时的未出雏的种蛋即市售的毛蛋。

七、孵化过程的记录

孵化过程的各种记录如表5-1至表5-6所示。

表5-1　孵化情况记录表

年　　月

入孵		照蛋			移盘		出雏			受精率（%）	孵化率（%）	健雏率（%）
时间	蛋数	无精	死胚	破损	应移	实移	健雏	弱死	死胚			
总计												

表5-2　孵化工作日程计划表

年　月　日

批次	入孵	照蛋	出雏器消毒	移盘	雏鸽消毒	出雏	出雏结束时间	雌雄鉴别	接种疫苗	接雏
总计										

表5-3　孵化管理记录表

第　批　孵化　第　天　年　月　日

| 时间 | 1号孵化器 | | | | 2号孵化器 | | | | 室内出雏器 | | | | 值班员 |
| | | | | | | | | | 室内 | | 出雏器 | | |
	温度(℃)	湿度(%)	转蛋	注水	温度(℃)	湿度(%)	转蛋	注水	温度(℃)	湿度(%)	温度(℃)	湿度(%)	

表5-4　孵化日报表

月　日　入孵第　天

时间	温度(℃)	湿度(%)	通风	转蛋	室内其他	门表	机表孵化员

表5-5　孵化成绩报表

入孵枚	受精率	出雏数	父母代	公母淘汰	白蛋	毛蛋	孵化率

表5-6　孵化工作日程计划表

年　月

批次	入孵	照蛋	出雏器消毒	移盘	雏鸪消毒	出雏	出雏结束时间	雌雄鉴别	接种疫苗	接雏
总计										

八、影响孵化率的因素

影响种蛋的孵化因素主要有内因即遗传因素，这主要受种蛋品质的影响，比如常见的近亲繁殖可降低孵化率。另外，受精卵早期死亡、畸形等都与遗传基因有关。为了提高种蛋的孵化率，种鸡的基因品质要好，选配要合理，这是提高孵化率的内在因素。

影响种蛋孵化率的因素除内因外，还有外因，主要有以下几个方面。

（一）种蛋的品质

（1）陈蛋　存放时间过长的蛋由于在空气中水分的蒸发，使气室变大、系带及卵黄膜松弛，入孵的头几天胚胎死亡率较高，照蛋时可见血环。大部分种蛋在孵化期胚胎发育迟缓，出雏时间延长。

（2）种蛋受冻、运输不当　特别是蛋壳破裂、气室流动、卵黄膜破裂或系带断裂，这样的种蛋在孵化的头几天死亡率较高。

（3）畸形蛋　胚位不正的种蛋在孵化过程中死亡率也很高。

（4）薄壳蛋、大蛋、小蛋　蛋易破，雏鸡易死亡。气室过大、过小，出壳迟或出壳提早，雏过大或过小，都可影响孵化率。

（5）种鸡种龄　刚开产的种鸡所产的种蛋孵化率低，孵出的雏鸡也较弱，老的种鸡所产的种蛋的孵化率也较低，所以种鸡的年龄要适当。

（二）种鸡的营养缺乏

种蛋营养不良造成的胚胎死亡较多，通常发生于孵化的第18～21天的死亡率提前到第15～19天出现。

常见营养素缺乏如下。

（1）维生素 A 缺乏　可使种蛋蛋黄淡白，无精蛋增多，胚胎色素沉着少，胚胎发育迟缓，出壳时间延长，一部分雏无力出壳，雏鸡眼肿胀，有许多瞎眼、眼病的雏鸡。

（2）维生素 D 缺乏　蛋壳变薄变脆，蛋白稀薄，尿囊发育迟缓，孵化的第 10～12 天出现死亡高峰，出雏时间过长，雏鸡体弱、骨弱。

（3）维生素 E 缺乏　雏鸡发生渗出性症，即水肿、突眼，第

1~3天的死亡率增高。

（4）钙缺乏　种蛋的孵化率低，雏鸡的腿、翅粗短，喙质及腿骨软，前额突出，颈部水肿，腹部胀大。

（5）磷缺乏　种蛋孵化率低，孵化的第14~18天死亡率高，雏鸡喙质软、腿软。

（6）锌缺乏　可使雏鸡骨发育异常，可能缺翅缺腿，绒毛卷曲成团。

（7）锰缺乏　可使孵化的18~21天死亡率高，雏鸡生长停滞，水肿，腹部下陷，腿翅短小，头部异常。

（三）孵化管理技术水平

（1）孵化温度　在孵化期间，如果孵化温度过高，可使出雏时间提前，出雏时间延长，一部分种蛋尿囊提前合拢，出现胚胎异位，心、肝和胃畸形以及充血，畸形率增多；孵化温度过低，胚胎发育迟缓，胚胎尿囊充血，心脏肥大，卵黄吸入但呈绿色，肠内充满卵黄和胎粪，出壳较晚且时间延长，雏鸡较弱，腹大，有时伴有下痢，蛋壳污秽。

（2）孵化湿度　湿度过大，尿囊合拢时间迟缓，蛋重减轻慢，出壳晚且时间延长，雏鸡绒毛与蛋壳粘连，腹大；湿度过小，孵化前期死亡率高，胚胎充血并粘在壳上，在孵化中期蛋失重较大，雏鸡啄壳困难，出壳早，雏鸡绒毛干燥。

（3）通风　通风不良易引起孵化前期胚胎死亡率提高，在孵化中期胚胎羊水出血，在孵化后期则内脏充血和溢血，雏鸡在蛋的小头啄壳。

（4）畸形蛋　用畸形蛋孵化，在孵化初期易出现卵黄粘在壳膜上，在中期则易出现尿囊包围蛋白不全，在后期尿囊之外还有剩余蛋白。

温度、湿度、通风和种蛋质量是孵化管理中经常出现的情况，在具体孵化实践中应尽量避免。

第六章　雏鸡的饲养管理

0~30日龄的黑凤鸡为雏鸡阶段。雏鸡饲养是黑凤鸡生产的关键阶段，因此，养好黑凤鸡必须从育雏抓起，掌握好科学的育雏技术是提高黑凤鸡雏鸡成活率的关键。

第一节　雏鸡的生理特点

一、代谢旺盛，生长迅速

雏鸡1周龄时体重约为初生重的2倍，至30日龄时约为初生重的15倍，其前期生长发育迅速，在营养上要充分满足其需要。

二、雏鸡体温低，调节机能较弱

通常雏鸡的体温比成年鸡的体温低3℃，而且雏鸡出壳后，仅有绒毛，防寒能力较差，以后随着羽毛的生长和脱换，体温调节机能才完善。所以，育雏开始时必须给予较高的温度，以后逐步降低。

三、雏鸡的消化器官容积小，消化能力差

在幼雏阶段，不易消化吸收粗纤维过高的食物。但雏鸡生长

快，新陈代谢旺盛，需要较高的饲料营养水平。因此，对于雏鸡，要选择易消化，能量、蛋白质、维生素含量较高的饲料，在饲养上应注意少喂多餐。

四、抗逆能力差

雏鸡由于个体小，机体的免疫系统尚未发育成熟，对环境条件、病原微生物的抵抗能力弱。故要加强管理，做好环境的卫生、消毒、防疫工作，保证栏舍干燥、卫生、通风、安静和稳定。

五、免疫力弱

雏鸡抵抗力弱，很容易受到各种有害微生物的侵袭而感染疾病。生产中严格执行免疫接种程序和预防性投药，增加雏鸡的抗病力，以防患于未然。

六、合群性强

雏鸡模仿性强，喜欢大群生活，一块儿进行采食、饮水、活动和休息。因此，雏鸡适合大群高密度饲养，有利于保温。但是雏鸡对啄斗也具有模仿性，密度不能太大，以防止啄癖发生。

七、初期易脱水

刚出壳的雏鸡含水率在75%以上，如果在干燥的环境中存放时间过长，则很容易在呼吸过程中失去很多水分，造成脱水。育雏初期干燥的环境会使雏鸡因呼吸失水过多而增加饮水量，影响消化机能。因此，鸡在出雏后的存放期间、运输途中及育雏初期必须注意湿度问题以提高育雏的成活率。

第二节 育雏方式

目前黑凤鸡基本上都饲养在开放鸡舍内，在生长期，采用全进全出制，多采用网上平养或地面垫料平养。如果育雏数量较少，则可采用箱育雏。

一、箱育雏

对于少量饲养可采用箱育雏。箱育雏就是用木制或纸质的育雏箱来培育黑凤鸡幼雏。育雏箱长 100 厘米、宽 50 厘米、高 50 厘米，箱盖上开两个直径 3 ~ 4 厘米的通风孔。

将雏鸡置于垫有稻草或旧棉絮的育雏箱中，60 瓦的灯泡挂在离雏鸡 40 ~ 50 厘米的高度（根据灯泡大小、气温高低、幼雏日龄灵活调整其高度）供热保温。如果室温在 20℃ 以上，挂盏 60 瓦的灯泡供热即可；如果室温在 20℃ 以下，则要挂 2 盏 60 瓦的灯泡供热。雏黑凤鸡吃食和饮水时，用人工将其捉出，喂饮完后又捉回育雏箱内。如果室温过高，需打开育雏箱的顶盖。不论白天晚上育雏箱都要盖上一层蚊帐布，以防蚊叮；如不打开箱顶盖，其上的通风孔也应盖上一层蚊帐布。如果室内温度过低，通过在育雏箱上加盖被单来调节箱内温度，但要注意定时开箱换气。箱育雏设备简单，但保温不稳定，需要精心看护，效率较低，仅适于小规模育 0 ~ 10 日龄的幼雏以及家庭饲养者饲养少量黑凤鸡。

二、网上平养

网上育雏即在离地面 50 ~ 60 厘米高处，架上丝网，把雏鸡饲养在网上。网上平养是鸡育雏最成功的方式，由于鸡的排泄物可以直接落入网下，雏鸡基本不同粪便接触，从而减少与病原接触，减少了再感染的机会，尤其是对防止球虫病和肠胃病有明显的效果；网上平养不用垫料，减轻了劳动量，减少了对雏鸡的干扰，从而减少雏鸡发生应激的可能，提高雏鸡的成活率，但网上平养造价相对较高。

三、地面垫料平养

地面垫料平养按舍内地面类型又可分为更换垫料育雏和厚垫料育雏 2 种。更换垫料育雏一般把雏鸡育在铺有垫料的地面上，垫料厚 3～5 厘米，两三天更换一次。此法所用的育雏方式有以下几种。

1. 伞形育雏器育雏

伞形育雏器的热源可由电热丝、煤油灯来提供。容纳鸡只数根据育雏器的热源面积而定，约 300～1 000 只。其优点是可养育较多幼雏，雏鸡可自由在伞下进出选择适温带，换气良好。缺点是必须有保温良好的育雏舍，垫料易脏及成本较高等。特别是电热伞形育雏器余热很少，在冬季育雏常需另加火炉或热水管以升高室温。

2. 红外线灯育雏

利用红外线灯散发的热量育雏，灯泡规格为 250 瓦。使用时成组连在一起，悬挂于离地面 45 厘米高处，室温低时可降低至 33～35 厘米。第 2 周起每周将灯提高 7～8 厘米，直至 60 厘米。用红外线育雏，因保温稳定，室内干净，垫料干燥，雏鸡可自由选择合适的温度，育雏效果良好，但耗电量大，灯泡易损，要特别注意在使用时，不要摆动和滴冷水。

3. 烟道式育雏

有地上水平烟道和地下烟道 2 种。其原理都是烧煤或利用当地其他燃料，使热气通过烟道而升高室温。二者比较，地下烟道埋在地下，管理时便于操作；因散热慢，保温时间久，耗燃料少；热从地面上升，适合于雏鸡伏卧地面休息的习性；地面和垫料暖和干燥，球虫病等发病率低。烟道式育雏舍要求房舍结构比较高，不仅墙壁的保温性能要好，而且应加天花板，使室内的保温空间小一些。天花板的高度一般离地面 1.7 米为宜。

4. 热水管式育雏

大型鸡场的育雏舍，采用地面平养时，每室育雏数达 5 000 ~ 25 000 只，多用热水管式育雏。在育雏舍中央部分装设锅炉，用热水管或蒸汽管通往两侧的育雏室，热水管道上覆盖护板保存温度。管的高度距地面 30 厘米，雏鸡在水管下活动取暖，随着雏鸡日龄渐大，护板应逐渐升高。有的将热水管装于地面之下，管理更为方便，适用于固定式育雏舍。这种方式在寒冷地区多用。

5. 厚垫料育雏

用厚垫料育雏，可省去经常更换垫料的繁重劳动。育雏舍打扫清洁后，首先撒一层熟石灰（每平方米撒布 1 千克），然后再铺上 5 ~ 6 厘米厚的垫料，育雏约 2 周后，开始增铺新垫料，直至厚度达到 15 ~ 20 厘米为止。垫料于育雏结束后一次清除。

第三节　进雏前的准备

雏鸡入舍前的准备工作是育雏的一项重要技术措施，它关系到雏鸡育雏期的成活率、健康状况和生长速度。根据接雏的日期做好相应的准备工作。准备工作的任务是创造一个清洁干净、没有病源、温暖舒适、采食饮水方便的生活环境。

一、拟定育雏计划

根据本场的具体条件，制定育雏计划，每批进雏数应与育雏鸡舍、成鸡舍的容量大体一致。一般育雏舍和育成舍的比例为 1 : 2，进雏数一般决定于当年新鸡的需要量，在这个基础上再加上育成期间的淘汰和死亡数。

二、育雏季节的选择

季节与育雏的效果有密切关系，因此育雏应选择适合的季节，并应根据不同地区和环境条件进行选择。在自然环境条件下，一般以春季育雏最好，初夏与秋冬次之，盛夏最差。

1. 春雏

春雏指 2~5 月份孵出的鸡雏，尤其是 3 月份孵出的早春雏。春季气温适中，空气干燥，日照时间长，便于雏鸡活动，鸡的体质好，生长发育好，成活率高。同时，室外气温逐渐上升，天气较干燥，有利于雏鸡群降温、脱温，适合雏鸡的生长发育。特别是这一时期育的雏，在 7~8 月已经长成大雏，能有效抵御夏季的潮湿气候。更重要的是，在正常的饲养管理条件下，春雏到了 9~10 月可全部开产，一直产到第 2 年夏季。第 1 个产蛋年度时间长，产蛋量高，蛋重大。在南方，种鸡的产蛋高峰期可避开夏秋季炎热，种用价值和生产力最高。但在北方，其产量高峰期处于最寒冷的季节，如鸡舍无保温设施，将严重影响种鸡的产蛋能力和受精率，曾发现种鸡受精率低于 10% 的现象，应引起生产者的高度重视。

2. 夏雏

夏雏指 6~8 月份出壳的小鸡雏。夏季育雏保温容易，光照时间长，但气温高，雨水多，湿度大，雏鸡易患病，成活率低。如饲养管理条件差，鸡生长发育受阻，体质差，当年不开产，产量持续期短，产蛋少。

3. 秋雏

秋雏指 9~11 月份孵出的雏鸡，这个时期气候温和，空气干燥，是育雏比较有利的季节，光照时间较短，性成熟较迟，育成阶段要注意调节控制种鸡的性成熟日龄，适时开产。秋雏应在次年气温达到最高之前出现产蛋高峰期。

4. 冬雏

冬雏指 12 月至翌年 2 月孵出的雏鸡，这时天气寒冷，保温时间长，缺乏阳光和充足运动，生长发育受到一定的影响，雏鸡育成期长，生产成本高，雏鸡育成率低。当种鸡群的产蛋出现高峰时正遇上高温气候，在南方省分会严重影响产蛋能力，在当年秋季又常会换羽，造成产蛋率的进一步下降。所以一般不选择冬季育雏。

三、房舍、设备条件

如果利用旧房舍和原有设备改造后使用的，主要计算改造后房舍设备的每批育雏量有多少。如果是标准房舍和新购设备，则计算平均每育成一只雏鸡的房舍建筑费及设备购置费，再根据可能用于房舍设备的资金额，确定每批育雏的只数及房舍设备的规模。育雏室应该保温良好，便于通风、清扫、消毒及饲喂操作。用前需经修缮，堵塞鼠洞。

四、可靠的饲料来源

根据育雏的饲料配方、耗料量标准以及能够提供的各种优质饲料的数量（特别要注意蛋白质饲料及各种添加剂的满足供应），算出可养育的只数及购买这些饲料所需的费用。

五、资金预计

将房舍及饲料费用合计，并加上适当的周转资金，算出所需的总投资额，再看实际筹措的资金与此是否相符。

六、其他因素

要考虑必须依赖的其他物质条件及社会因素如何，如水源是否充足，水质有无问题，电力和燃料的来源是否有保证，育雏必须的产前、产后服务（如饲料、疫苗、常用物资等的供应渠道及产品销售渠道）的通畅程度与可靠性。

七、育雏用品的准备

（一）保温设备

保温设备一般有热风炉、锅炉和红外线设备等。无论采用什么热源，都必需事先检修好，进雏前经过试温，确保无任何故障。如有专门通风、清粪装置及控制系统，也要事先检修。

（二）育雏设备及用具

根据育雏规模，准备好育雏伞、料槽、饮水器、垫草、燃料、围栏、资金、育雏记录表等。

（三）饲料准备

雏鸡 0~6 周龄累计饲料消耗为每只 900 克左右。雏鸡可用全价配合饲料，也可自己配制。自己配制时要注意原料无污染、不霉变，最好现用现配，一次配料不超过 3 天用量。饲料性状以颗粒破碎料最好。

（四）垫料的准备

地面育雏的，为了保暖的需要，通常需铺设垫料。垫料质量要求是不发霉、不污染、松软、干燥、吸水性强和长短粗细适当。垫料种类有锯末、小刨花、玉米秆、稻草、稻壳、麦秸等，可以混合使用。使用前应将垫料暴晒，发现发霉垫草应当挑去。铺设厚度以 5 厘米左右为宜，但要平整，离热源最少要有 10 厘米的距离。在铺设垫草的同时，用育雏网板将育雏室隔成小圈，热源在圈的中心，以便把小鸡固定在热源的附近。2 周龄以内的小鸡，就在小圈内取暖、采食、饮水、休息。围高 40 厘米左右，圈大小应视鸡群大小及保温设备而定。如果用保温伞保温，围栏高保温伞的边缘

80～100厘米；如用煤炉提高整个室温取暖，则围栏可留小一些，每圈育雏鸡200只左右。围栏在小鸡不需用热源保温时便可拆除。

（五）网床

采用网床育雏的，根据要求铺好网床。

（六）燃料

均要按计划的需要量提前备足。

（七）药品及添加剂

为了预防雏鸡发生疾病，适当地准备一些药物是必要的。消毒药如煤酚皂、紫药水、新洁尔灭、烧碱、生石灰、高锰酸钾、甲醛等；用以防治白痢病、球虫病的药物如球痢灵、氯苯肌、土霉素等；添加剂有速溶多维、电解多维、口服补液盐、维生素C和葡萄糖等。

（八）疫苗

根据基础免疫的要求，准备好相关疫苗。

（九）其他用品

包括各种记录表格、温度计、连续注射器、滴管、刺种针、台秤和喷雾器等都要准备好。

八、消毒

无论是新建鸡舍还是原来利用过的建筑，在进鸡之前都必须经过严格的清洗和消毒。

（一）清扫

首先清扫屋顶、四周墙壁以及设备内外的灰尘等脏物。若是循环生产，每一批肉鸡出场以后，应对鸡舍进行彻底的清扫，将粪便、垫料、剩料分别清理出去，对地面、墙壁、棚顶、用具等的灰尘要打扫干净。

（二）冲洗

冲洗是大量减少病原微生物的有效措施，在鸡舍打扫以后，都应进行全面的冲洗。不仅冲洗地面，而且要冲洗墙壁、网床、围网、饲料器、饮水器等一切用具。如地面粘有粪块，结合冲洗时应将其铲除。最好使用高压水枪冲洗，如没有条件应多洗一两遍，冲洗干净以后，在水中加入广谱消毒剂喷洒消毒一遍。

（三）消毒

清除雏鸡舍周围环境的杂物，然后用火碱水喷洒地面，或者用白石灰撒在鸡舍周围。上述清洗消毒完成以后，将水盘和料盘（按 19 只雏鸡配 1 个，均匀摆放，使用电热育雏伞育雏时料盘放置在离伞边缘 20 厘米左右的地方）以及育雏所用的各种工具放入舍内，然后关闭门窗，用福尔马林熏蒸消毒。熏蒸时要求鸡舍的湿度 70% 以上，温度 10℃ 以上。消毒剂量为每立方米体积用福尔马林 42 毫升，再加入 21 克高锰酸钾。1 ~ 2 天后打开门窗，通风晾干鸡舍。如果离进鸡还有一段时间，可以一直封闭鸡舍到进鸡前 3 天左右。空舍 2 ~ 3 周后在进鸡前约 3 天再进行一次熏蒸消毒。

九、育雏舍的试温和预热

育雏前准备工作的关键之一就是试温。检查维修火道后，点燃火道或火炉升温 2 天，使舍内的最高温度升至 39℃。升温过程中要检查火道是否漏气。试温时温度计放置的位置应放置在距雏鸡背部相平的位置。

雏鸡进舍前 24 小时必须对鸡舍进行升温。在寒冷季节，温度升高比较慢，鸡舍的预热升温时间需要提前。在秋冬季节，墙壁、地面的温度较低，所以必须提前 2~3 天开始预热育雏舍，只有当墙壁、地面的温度也升到一定程度之后，舍内才能维持稳定的温度，但雏鸡的温度要求因供暖的方式不同而有所差异。采用育雏伞供暖时，1 日龄时伞下的温度控制在 35~36℃，育雏伞边缘区域的温度控制在 30~32℃，育雏室的温度要求 25℃。采用整室供暖（暖气、煤炉或地炕），1 日龄的室温要求保持在 29~31℃。

第四节 进 雏

在雏鸡到达前，再检查一次育雏室所需的设备如饮水器、喂料器、垫料、保温设施等是否准备就绪，不足的补足。

如果进雏后，舍内温度仍不太稳定，可以先让雏鸡仍能在运雏盒中休息，待温度稳定后再放入育雏器内。随着雏鸡的逐渐长大，羽毛逐渐丰满，保温能力逐渐加强，对温度的要求也逐渐降低，但不要采取突然降温的方法。

若是购买的鸡苗，运回后尽快放到水源和热源处，并立即饮万分之一的高锰酸钾水（水呈浅红色即可），用以清洁雏鸡肠胃，促进卵黄吸收。一般情况，喂水 2~3 小时后，再喂料（天冷时，饲料盘和饮水器应放近热源处）。一次投放饲料不要过多，放料后，用手指轻击料盘，引诱小鸡采食。然后将所有的鸡苗箱移出育雏舍处理。

自行孵化的进雏可以分批进行，尽量缩短在孵化室的逗留时间，以免早出壳的雏鸡不能及时饮水和开食，导致体质逐渐衰弱，影响生长发育，降低成活率。

第五节 育雏期的饲养管理

雏鸡的管理是一项很细致而艰巨的工作，需要有责任心，认真负责，严格执行规程，做到科学管理，给雏鸡创造最佳的环境条件。

一、雏鸡饮水与开食

雏鸡接运到育雏室，休息 1 ~ 2 小时后，应当先给予饮水，然后再开食。饮水有利于雏鸡肠道的蠕动，吸收残留卵黄，排出胎粪和增进食欲。

（一）饮水

初生雏鸡接入育雏室后，第一次饮水称为初饮。雏鸡在高温条件下，很容易造成脱水。因此，初饮应尽快进行。

初次饮水最好用 16 ~ 20℃ 的温开水，可在水中加 8% 的白糖或葡萄糖，0.1% 的维生素 C 和 50×10^{-6} 的盐酸恩诺沙星，或饮口服补液盐（将食盐 35 克，氯化钾 15 克，小苏打 25 克，多维葡萄糖 20 克溶于 1 000 毫升蒸馏水中，效果更佳）。初饮时，对于无饮水行为的雏鸡，可轻轻抓住雏鸡头部，将喙按入水中 1 秒左右，每 100 只雏鸡教 5 只，则全群能很快学会。饮水器要充足，一般 100 只雏鸡最少要有 3 个 1 250 毫升的饮水器或相应的饮水容器，均匀地分布在鸡舍各处。饮水器每天要刷洗干净，并用消毒液消毒。前 7 天雏鸡饮水最好使用真空饮水器，7 天后用水槽饮水。

（二）开食

雏鸡第 1 次喂食称为开食，开食时间一般掌握在初饮后 2 ~ 3 小时的白天进行，开食在浅盘或硬纸上进行。开食不是越早越好，过早开食胃肠软弱，有损消化器官。但是，开食过晚有损体力，影响正常生长发育。当有 60% ~ 90% 雏鸡随意走动，有啄食行为时应进行开食。

二、雏鸡的日常管理

温度、湿度、通风、光照、营养、卫生和饲养密度等环境条件是成功育雏的基本条件。

（一）温度

育雏温度包括育雏室温度和育雏器温度。育雏温度对 1～30 日龄雏鸡至关重要，控制好温度是育雏成败的首要条件。育雏室温度要求在 24℃左右，育雏后期可根据鸡群情况逐渐降低室温。大致为 1～2 日龄育雏器内 34～36℃，室温 28℃；3 日龄后育雏器内 33～35℃，室温仍 28℃；1 周龄后，每周育雏器内降 2℃，室温降 1℃；脱温的日龄在夏季一般 2～4 周龄；冬春季节，脱温日龄在 4～6 周龄。

温度计的读数只是一个参考值，实际生产中要看雏鸡的采食饮水行为是否正常来确定温度。雏鸡的伸腿、伸翅、奔跑、跳跃、打斗、卧地舒展休息、呼吸均匀、羽毛丰满、干净有光泽，都证明温度适宜；雏鸡挤堆，发出轻声鸣叫，呆立不动，缩头，采食饮水较少，羽毛湿，站立不稳，说明温度偏低；雏鸡伸翅，张口呼吸，饮水量增加，寻找低温处休息，往边缘跑，说明温度偏高，应立即进行通风降温。

（二）湿度

空气含水气多湿度大，含水气少湿度小，湿度大小通常用相对湿度来表示。生产实践中可用相对湿度来测定鸡舍内的湿度。

1. 湿度的要求

在一般情况下，相对湿度要求不严格。只有在极端情况下或者其他因素共同发生作用时，才对雏鸡造成危害。如环境过于干燥，雏鸡绒毛枯脆脱落，脚趾干瘪，体质差，育雏率下降；高温低湿易引起雏鸡的脱水，绒毛焦黄，腿、趾皮肤皱缩，无光泽，体内脱水，消化不良，身体瘦弱，羽毛生长不良。因此，雏鸡从高湿度的出雏器转到育雏舍，湿度要求有一个过渡期。第1周要求湿度为70%～75%，第2周为65%～70%，以后保持在55%～60%即可。育雏前期要增大环境湿度，因为前期雏鸡饮水、采食较多，环境湿度也大，要注意防潮。尤其要注意经常更换饮水器周围的垫料，以免腐烂、发霉。

2. 相对湿度的测定

测定相对湿度是采用干湿球温度计，如测定鸡舍内相对湿度，应将干湿球温度计悬挂在舍内距地面40～50厘米高度的空气流通处。

3. 舍内湿度的调节

生产中，由于饲养方式不同、季节不同、鸡龄不同，舍内湿度差异较大。为了满足雏鸡的生理需要，要经常对舍内湿度进行调节。

（1）增加舍内湿度的办法　一般在育雏前期，需要增加舍内湿度。如果是在网上平养育雏，则可以在水泥地面上洒水增加湿度；若垫厚料平养育雏，则可以向墙壁上面喷水或在火炉上放一个水盆蒸发水气，以达到补湿的目的。

（2）降低舍内湿度的办法　降低舍内湿度的办法主要有升高舍内温度，增加通风量；加强平养的垫料管理，保持垫料干燥；冬季房舍保温性能要好，房顶加厚，如在房顶加盖一层稻草等；加强饮水器的管理，减少饮水器内的水外溢；适当限制饮水。

（三）通风

育雏期室内温度高，饲养密度大，雏鸡生长快，代谢旺盛，呼吸快，需要有足够的新鲜空气。另外舍内粪便、垫料因潮湿发酵，常会散发出大量氨气、二氧化碳和硫化氢，污染室内空气。所以，育雏时既要保温，又要注意通风换气以保持空气新鲜。在保证一定温度的前提下，应适当打开育雏室的门窗通风换气，使室内无闷气感觉，无刺鼻气味为宜。在冬天育雏和育雏前期（3周龄前），可在育成舍安装风斗（上罩布帘）或纱布气窗等方法，使冷空气逐渐变暖后流进室内；3周龄后，可选择晴暖无风的中午，开窗通风透气。

通风换气要注意避免冷空气直接吹到雏鸡身上，而使其着凉感冒；也忌间隙风。育雏箱内的通气孔要经常打开换气，尤其在晚间要注意换气。

（四）光照

0～7日龄时每天22小时光照，8日龄至第5周龄为16小时光照，6～18周龄为自然光照，以后每周增加0.5小时光照，增加到28周龄达17小时为止，往后每天维持17小时光照至64周为止。

光照强度可以按照以下方法实施：1周龄雏鸡，按每15平方米的鸡舍，在2米高的位置挂一个40瓦的灯泡；从第2周开始，换用25瓦的灯泡即可。灯泡与灯泡之间的距离应为灯泡高度的1.5倍。舍内如果安装2排以上的灯泡，应交错排列。

（五）分群

雏鸡的饲养是养鸡生产中比较细致而重要的工作，要使雏鸡今后有良好的生产性能，必须从育雏开始。加强饲养管理工作，才能使鸡群生长发育和性成熟一致。

雏鸡孵出后，早已按公、母、强、弱进行了分群饲养。因为鸡群大，数量多，尽管品种、日期、饲养水平和管理制度均是一样，但性别不同或性别相同而个体之间大小不一的雏鸡，其生长发育速度不平衡，因此，还要进行分群，每群400～500只雏鸡为宜。分群饲养使每只雏鸡均能充分采食，雏鸡生长良好，增重快，成活率高。

（六）饲养密度

饲养密度的单位常用每平方米饲养雏鸡数来表示。密度大小应随日龄、通风、饲养方式等的不同而进行调整。在饲养条件不太成熟或饲养经验不足的情况下，不要太追求单位面积的饲养量和效益。饲养密度过大，可能造成饲养环境的恶化，影响生长和降低抗病力，反而达不到追求效益的目的。

一般来讲，网床饲养密度比落地散养大些，可以多养 20% ~ 30% 的鸡。随着日龄增长及时调整饲养密度，要将公母、大小、强弱分群饲养。一般情况，1 周内每平方米可养 100 只，2 ~ 3 周每周减 20 只，4 ~ 5 周每周减 10 只。

（七）合理饲喂

雏鸡的饲喂方式可分为两种：一种是定时定量。就是根据雏鸡的日龄大小和生长发育要求，把饲料按规定的时间分为若干次投给的饲喂方式。一般在 4 周龄以前每日可喂 4 ~ 6 次，可在 6 时、9 时、12 时、下午 3 时、6 时各投料一次，投喂的饲料量是在下次投料前半小时能食完为准。这种方式有利于提高饲料的利用率。另一种是自由采食方式，就是把饲料放置料槽内任雏鸡随时采食。一般每天加料 1 ~ 2 次，终日保持料槽内有饲料，这种方式在黑凤鸡饲养中较多采用。实践证明，这种方式可使鸡的生长速度比前一种快，还可以避免饲喂时鸡群抢食、挤压和弱雏争不到饲料的现象，使鸡群都能比较均匀采食饲料，生长发育也较均匀。每次喂料量宜少不宜多，让雏鸡吃到"八分饱"，使其保持旺盛食欲，有利于雏鸡健康的生长发育。料的细度 1 ~ 1.5 毫米，细粒料可以增强适口性。

每周略加些不溶性河沙（河沙必须淘洗干净），每 100 只鸡每周喂 200 克，一次性喂完，不要超量，切忌天天喂给，否则常招致硬嗉症。

1. 提供充足的饮水

在某种意义上说，水比饲料还重要，因为鸡体的大部分都是水，约占鸡体重量的 70%，而且其生命的一切代谢过程都离不开水的作用，在整个养鸡生产过程中，都不能断水，保证雏鸡能随时饮到清洁的水。这一点，对于中鸡、大鸡来说都是一样的。

2. 保持安静的饲养环境

黑凤鸡在神经类型上属活泼型，任何异常声响及异物都会引起全群产生应激反应而惊叫或扑飞。因此，饲养管理人员的一切操作必须有规律，以便使黑凤鸡产生良好而熟悉的条件反射，动作要轻而不粗暴。

3. 要注意预防鸡群的啄癖

黑凤鸡的商品鸡羽毛齐全很重要，从遗传角度来看，黑凤鸡是没有啄癖的，但有个别饲养户在饲养过程中，偶然也有啄毛现象发生。产生啄毛的原因有很多，但主要是营养、天气及环境上的原因。如果不是采用全价饲料，就容易出现由某些养分，如含硫氨基酸、盐分和维生素不足等诱发啄癖。在天气上如出现忽晴忽雨、天气闷热；环境上如鸡群密度太大、通风不良、光照过强等情况，鸡群就容易产生啄毛，这时要迅速找出原因，对症处理，还要拣出啄毛的和被啄毛的鸡另外圈养，一旦啄毛形成习惯，就很难处理。经常出现啄癖的鸡场最好在 10 日龄时适度断喙。

（八）采用"全进全出"制

现代饲养场中的育雏阶段都主张实行"全进全出"制度。"全进"是指一座鸡舍（或场）只养统一日龄的初生雏，如同一批的初生雏数量不够，可分两批入场，但所有的雏鸡日龄最多不得相差 1 周。"全出"是指同一鸡舍的雏鸡与同一天（一批鸡同时出）转到育成舍。这样将避免一座鸡舍养多批日龄大小不同的雏鸡，使在鸡舍连续不断地使用。"全出"后，将鸡舍内的设备按入雏前的准备工作进行清理消毒，再行接雏。这样可以有效地切断循环感染的途径，消灭场内的病原体，使雏鸡开始生活于一个洁净的环境，能够健康地生长。同时，场内养一批同一日龄的鸡管理方便，也便于贯彻技术措施。经消毒空闲 7~14 天后方可再用。

（九）日常卫生

雏鸡舍内的卫生状况是影响雏鸡群健康和生产性能的重要因

素，日常应注意以下几点。

1. 定时清洗和消毒

饮水器具、料筒、料盘和工作服等每天清洗干净后，日光照射2 小时消毒，注意在饮水免疫的当天水槽不要用消毒药水涮洗。及时打扫育雏舍卫生，每天定时通风换气。定期更换入口处的消毒药和洗手盆中的消毒药，对雏鸡舍屋顶、外墙壁和周围环境也要定期消毒。

2. 定期清理地面的鸡粪、垫料

正常情况下两三天换一次垫料就可以了，但鸡群发病时每天必须清除鸡粪，清理鸡粪后要冲刷地面。冲刷后的地面用 2% 的火碱水溶液喷洒消毒。清除的垫料运到垫粪场进行发酵处理。

3. 预防寄生虫

夏季是鸡寄生虫病的高发期。驱除体内球虫可用 5×10^{-6} 的抗球王拌料预防；驱除体内绦虫用灭绦灵每千克体重 150 ~ 200 毫克拌料；驱除体内线虫可用左旋咪唑每千克体重 20 ~ 40 毫克，一次口服；驱除体表寄生虫，如虱子、螨，用 0.03% 蝇毒灵水乳剂或4 000 ~ 5 000 倍杀灭菊酯溶液喷洒体表、栖架和地板。

4. 防饲料霉变

夏天温度高，湿度大，饲料极易发霉变质，进料时应少购勤进；添料时要少加勤添，而且量以每天吃净为宜，防止日子过长，底部饲料霉变。

5. 做好值班工作，经常查看鸡群，严防事故发生

温度是育雏成败的关键。即使有育雏伞、电热育雏器自动控温装置，饲养员也要经常进行检查和观察鸡群，注意温度是否合适，特别是后半夜自然气温低，稍有疏忽，煤炉灭火，温度下降，雏鸡挤堆，造成感冒、踩伤或窒息死亡。

经常检查料桶是否断料，饮水器是否断水或漏水，灯泡是否损害或积灰太多；雏鸡是否被网子卡着、夹着等；是否有鸡在料桶中出不来或被淹入饮水器中；及时调出弱小鸡和瘫鸡等；严防煤气和药物中毒发生。

6. 疾病预防

严格执行免疫接种程序，预防传染病的发生。每天早上要通过观察粪便了解雏鸡健康状况，主要看粪便的稀稠、形状及颜色等。对于一些肠道细菌性感染（如白痢、霍乱等）要定期进行药物预防。20 日龄前后，要预防球虫病的发生，尤其是地面垫料的鸡群。

7. 环境的清洁卫生

鸡舍内阴湿之处，最适于病原菌的生长与发育，常称为疾病的发源地。有许多病原，在有阳光照射或干燥的情况下，很容易死亡。因此，鸡舍要保持排水流畅、土地干燥、有阳光照射，可减少传染源的出现机会。坚决不用发霉垫料，不喂发霉饲料。

8. 预防用药

1～14 日龄，在饲料中添加 0.02%～0.04% 的土霉素或四环素，预防雏鸡的白痢病。16～18 日龄，普百克饮水，每日一次，每 30～40 只鸡 10 毫升，连用 3 天；30～35 日龄，环丙沙星，5 克/瓶，拌原粮 70 千克。

9. 基础免疫

做好相应日龄的基础免疫工作。加强对雏鸡的观察，发现问题及时采取相应措施，是提高鸡群成活率的关键。除了隔离治疗或淘汰病态明显的（如缩头、羽毛松乱、肛门粘粪等）病鸡外，还应注意下列情况。

① 经常检查小鸡的嗉囊饱满程度，含水分是否适中，如发现嗉囊结实或嗉囊空虚，水分过多或过少都不正常，一定要找出原因。

② 检查鸡群的休息状态是否正常，正常的雏鸡在晚上睡觉时，头颈伸直贴在地面。若发现有鸡只单足站立或离群独处，这是病态，要及时处理。

③ 观察鸡群粪便是否正常。正常的鸡粪软硬适中，如鸡群有病，往往在鸡粪上反映出来。

④ 听鸡群的呼吸声是否正常。传染性支气管炎引起鸡群咳嗽，传染性喉气管炎还会使病鸡咳出血来。在鸡群晚上休息时听到有呼

吸啰音可能是慢性呼吸道疾病等。

⑤ 做好育雏期记录。诸如进雏日期、品种名称、进雏数量、温度变化、发病死亡和淘汰数量及原因、饲喂量、免疫状况、体重、日常管理等内容都应做好记录，以便于查找原因，总结经验教训，分析育雏效果。

三、育雏成绩的判断标准

（一）育成率

育成率的高低是个重要指标。良好的鸡群应该有 98% 以上的育雏成活率，但它只表示了死淘率的高低，不能体现培育出的雏鸡质量如何。

（二）平均体重

检查平均体重是否达到标准体重，能大致地反映鸡群的生长情况。良好的鸡群平均体重应基本上按标准体重增长，但平均体重接近标准的鸡群中也可能有部分鸡体重小，而又有部分鸡体重超标。

（三）均匀度

每周末定时在雏鸡空腹时称重，称重时随机地抓取鸡群的 3% 或 5%，也可圈围 100 ~ 200 只雏鸡，逐只称重，然后计算鸡群的均匀度。计算方法是先算出鸡群的平均体重，再将平均体重分别乘 0.9 和 1.1，得到两个数字，体重在这两个数字之间的鸡数占全部称重鸡数的比例就是这群鸡的均匀度。如果鸡群的均匀度为 75% 以上，就可以认为这群鸡的体重是比较均匀的，如果不足 70%，则说明有相当部分的鸡长得不好，鸡群的生长不符合要求。鸡群的均匀度是检查育雏好坏的最重要的指标之一。如果鸡群的均匀度低则必须追查原因，尽快采取措施。鸡群在发育过程中，各周的均匀度是变动的，当发现均匀度比上一周差时，过去一周的饲养过程中一定有某种因素产生了不良的影响，及时发现问题，可避免造成大的损失。

四、育雏失败原因分析

一般来说，雏鸡死亡多发生在 10 日龄前。育雏早期雏鸡死亡的原因主要有两个方面：一是先天的因素，二是后天的因素。

导致雏鸡早期死亡的先天因素主要有鸡白痢、脐炎等病。这些疾病是由于种蛋本身的问题引起的。如果种蛋来自患有鸡白痢的种鸡，尽管产蛋种鸡并不表现出患病症状，但由于产下的蛋经由泄殖腔时，使蛋壳携带有病菌，在孵化过程中，使胚胎染病，并使孵出的雏鸡患病致死。因此，防止雏鸡早期死亡，主要是从种蛋着手。一是要选择没有传染病的种蛋来孵化，二是必须对种蛋进行严格消毒后再进行孵化。

导致雏鸡死亡的后天因素主要有细菌感染和环境因素。孵化器不清洁，沾染有病菌。这些病菌侵入鸡胚，使鸡胚发育不正常，雏鸡孵出后脐部发炎肿胀，形成脐炎。这种病雏鸡的死亡率很高，是危害养鸡业的严重鸡病之一。由于孵化的温度、湿度及翻蛋操作方面的原因，使雏鸡发育不全等也能造成雏鸡早期死亡。

五、雏鸡的脱温

雏鸡随着日龄的增长，采食量增大，体重增加，体温调节机能逐渐完善，抗旱能力增强，或育雏期气温较高，已达到育雏所要求的温度时，此时要考虑脱温。脱温或称离温是育雏室内由取暖变成不取暖，使雏鸡在自然温度条件下生活。一般在夏季，脱温的日龄在 2～4 周龄；冬春季节，脱温日龄在 4～6 周龄。

雏鸡经过保温育雏阶段后，就由脱温转入育成鸡阶段。什么时候转入育成鸡阶段要从几方面考虑：一是雏鸡的长势，如果发育正常健康，就可以转群。二是看气候，冬春季节，天气寒冷，保温的

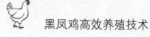

时间应长一些，而在夏秋之间，天气暖和，可以提前转群。三是看雏鸡的饲养密度，密度大的应早些。

脱温工作要有计划逐渐进行。如果室温不加热能达到18℃以上，就可以脱温。如达不到18℃或昼夜温差较大，可延长给温时间，可以白天停温，晚上仍然供温；晴天停温，阴雨天适当加温，尽量减少温差和温度的波动，做到"看天加温"。约经1周左右，当雏鸡已习惯于自然温度时，才可完全停止供温。

第七章　育成鸡的饲养管理

第一节　育成鸡的生理特点

　　育成鸡也就是中、大雏，即青年鸡，对于黑凤鸡来说，是指30～60日龄的鸡。育成鸡饲养培育的目的有两个：一是作为后备鸡群选入种鸡群，二是使其尽快达到商品鸡的体重，投放市场销售。因此，育成鸡饲养管理的好坏，直接关系到能否培育成健康的、有高度生产能力和种用价值的个体，对商品鸡能否整齐按期出售及获得较好生产效益也是至关重要的。

　　育成期鸡适应环境的能力大大增强。消化系统功能趋于完善，采食量增加，消化能力增强。这一时期生长发育迅速，体重增加较快，在饲喂过程中要适当控制体重，适当降低蛋白质水平。

　　育成前期的生长重点为骨骼、肌肉、非生殖器官和内脏，表现为体重绝对增加较快，生长迅速。育成后期体重仍在持续增长，生殖器官（卵巢、输卵管）生长发育迅速，体内脂肪及沉积能力较强，骨骼生长速度明显减慢。生殖器官的发育对饲料管理条件的变化反应很敏感，尤其是光照和营养浓度。因此，育成后期光照控制很关键，同时要限制饲养，防止体重超标。

第二节　育成鸡的饲养方式

　　黑凤鸡育成期的饲养方式无论是圈养或是放养，都采取舍内网上平养、地面平养，舍外圈运动场的方式饲养。

将来圈养的，此时可将舍外运动场圈好，舍内根据育雏期的饲养方式继续采用原方式饲养。将来放养的，则要把育成鸡转到放养地的育成舍（成鸡过夜舍），采取舍内网上平养、地面平养的方式，舍外圈运动场的方式饲养。

无论是圈养还是放养育成期的黑凤鸡，白天都要把舍门打开，让黑凤鸡到舍外圈的运动场上自由活动。因黑凤鸡有登高的习性，所以在育成期舍内、舍外必须设架床或栖架。

一、育成鸡饲养的准备

从育雏期到育成期，在饲养管理上是一个很大的转变。若饲养的数量少，不需转舍时，就圈好舍外的运动场。若饲养数量较多，需要转群，为了减少对鸡群的不良影响，使转换工作有序地渐变进行，也应做好相应的准备工作。

（一）育成环境的准备

转群前半个月，对育成环境进行消毒，准备饲槽及饮水器并进行消毒。

（二）准备好育成料

育成期的日粮宜采用直径 0.3 ~ 0.5 厘米、长度约 0.8 厘米的中鸡颗粒饲料，不宜再使用粉料。

（三）备好相应设施

采用舍内平养的舍内要铺好垫草；采用落地平养的要在育成舍外圈的运动场上搭好遮雨棚，一则为料槽不淋湿，二则预防育成鸡受雨淋。料槽和饮水器在舍外圈养区的遮雨棚下均匀分布。每100只鸡准备 1 个 8 千克塑料饮水器。饲槽按每只鸡 3 厘米采食宽度设置，也可选用塑料桶。同时把饲料事先放进饲料桶，这样育成鸡一到新家，就能够马上吃上料，喝上水，它们就很快安静下来，这对于缓解因为转群而产生的应激反应很有帮助。

二、育成鸡的饲养管理

（一）转入鸡群

育雏鸡育到 30 周龄时，就应由育雏舍转至育成舍。如果饲养的数量较少，采用育雏育成一段制的饲养方式，就省去了转群的麻烦。但随着育成鸡日龄的增加，要及时调整饲养密度和增加或更换料桶和饮水器数量与规格，保证有充足的位置供鸡采食和饮水，以免造成抢食和拥挤践踏现象。

1. 应激的防治

从相对封闭的育雏舍转到育成舍，鸡的胆子还很小，一旦受到惊吓就会造成应激反应，影响采食。因此，转群前 3 天，在饲料中加入电解质或维生素，每天早晚各饮 1 次。另外，结合转群可进行疫苗接种，以减少应激次数。

2. 分群时机选择

转群时选择晚上最好，第一是为了减少它的应激，第二是抓鸡的时候比较方便，因为鸡不会乱跑。在转群过程中，因为青年鸡骨比较脆，如果只抓翅膀或者腿部，不仅会使鸡产生应激反应，而且很容易造成骨折或者其他脏器的损伤。因此，无论抓鸡还是放鸡，都要双手捧住鸡的腹部，然后再把鸡抱起来，轻抓轻放。转群可以用转群笼，从笼中抓出或放入笼中时，动作要轻，防止抓伤鸡皮肤。装笼运输时，不能过分拥挤。

（二）育成鸡的日常管理

1. 温度

适宜温度为 15～20℃。冬季严寒，要做好舍内防寒保温工作；夏季气温较高，应人工降温及降低饲养密度。运动场上可栽树或搭荫棚遮阳。

2. 湿度

鸡舍相对湿度以 50% ~ 55% 为宜。南方 4 ~ 6 月为多雨季节，要采取措施降低湿度，保持舍内干燥，勤换垫料，定期清理粪便，防止饮水器内水外溢。北方干旱季节，要提高湿度。

3. 光照制度

冬春季节自然光照短，必须实行人工补光。其他季节自然光照即可，不需另外增加光照。补光时每平方米以 5 瓦为宜，从傍晚到晚 10 时，从早晨 6 时到天亮。不能骤然长时间补光，每日光照增加半小时，逐渐过渡到晚上 10 时。若自然光照超过每日 11 个小时，可不补光。晚上熄灯后，还应有一些光线不强通宵照明，使鸡可以行走和饮水。在夏季昆虫较多时，可在栖息的地方挂些紫光灯或白炽灯。

4. 通风换气

为了满足育成鸡对氧气的需要和控制温度，创造最佳的小气候环境，排出氨、硫化氢、二氧化碳等有害气体和多余的水蒸气，必须搞好鸡舍通风换气。人工通风换气，当风速风向适宜时可有效地稀释病原微生物对鸡群的危害。适宜的通风量由室外温度与鸡的周龄而定。

5. 逐渐减少饲养密度和适当分群

转群时要考虑鸡群的养殖密度，育成鸡阶段，舍内每平方米 8 ~ 10 只鸡，舍外要有运动场，面积比舍内多 1 倍。鸡群的规模要适中，理想的状态是 200 ~ 500 只一个群体。如果同一批的育成鸡比较多，就要划分成几个群体来饲养，也就是大规模小群体的养殖方法。

6. 转换饲料

育成期的黑凤鸡已经有很强的采食能力了，所以饲料也要根据需要有所改变。如粗蛋白质的含量有较大幅度的降低，能量水平也有所下降，粗纤维含量可提高到 5% 左右，饲料成分和原料有了一定的变化，适口性等也发生了变化。因此更换饲料必须逐渐进行，使鸡对新换饲料有 3~5 天的适应和调节过程。更换饲料时饲料转换要逐渐过渡，第 1 天育雏料和育成期料对半，第 2 天育雏期料减至 40%，第 3 天育雏料减至 20%，第 4 天全部用育成期料。

每天定时饲喂 4 次，从早 7 点开始；每天每只鸡喂 150 克左右；供足饮水，让鸡自由饮水，不可饮污水。为了贴近自然，除了每天喂食配合饲料外，还要有意识地给育成鸡准备一些切碎的青草、蔬菜，让它们逐渐习惯吃青饲料。

7. 防止传染病

保持鸡舍清洁，定期进行消毒，严格执行相应日龄的基础免疫程序，防止疾病发生。

8. 日常卫生

① 每天刷洗水槽、料槽。

② 育成舍要定期带鸡喷雾消毒，周边环境也要定期喷雾消毒，避开免疫时间。

③ 定期清理地面的鸡粪，清理鸡粪后要冲刷粪盘和地面。

④ 育成鸡同样也要做好杀灭蚊蝇、灭鼠工作。

⑤ 添料时要少加勤添，而且要每天吃净，防止饲料霉变。

9. 防止应激

由于育成鸡对外界环境比较敏感，如果经常受惊，产生应激，就会影响鸡的生长，因此，尽量不要使育成鸡受到惊扰。

10. 训练育成鸡上架床或栖架

开始时，把不知道上床（架）的鸡轻轻捉上架床或栖架，训练几天以后，鸡也就习惯上了。

11. 归舍训练

在傍晚黑凤鸡进舍前后，及时在舍内进行补饲，使黑凤鸡形成习惯，以便将来有鸡只飞逃出去，也能及时归舍。

12. 勤观察记录

要养好黑凤鸡，必须学会勤观察勤记录。每天应注意观察鸡群的动态，如精神状态、吃料饮水、粪便和活动状况等有无异常；记录好每天的耗料量、耗水量，才能及早发现问题和及时分析处理。

13. 后备鸡的选留

育成鸡生长至 60 日龄时要结合转群进行选留后备鸡工作，其余鸡只全部转入育肥群进行育肥。选留的黑凤鸡的体型外貌需符合黑凤鸡品种的要求：身体健壮，站立时姿势平稳，走动时步伐自然，动作灵活，尾部上翘；外貌无缺陷，第二性征明显；公鸡体重达 1.5 千克以上，母鸡 1.25 千克以上，公、母比例按 1：（3～4）选留（选留时公母比例也可高些，以便将来淘汰）。

第三节　育肥鸡的饲养管理

60 日龄结合转群时对不作种用的公鸡和淘汰的母鸡进行育肥。此期的饲养要点是促进鸡体内脂肪的沉积，增加鸡的肥度，改善肉质和羽毛的光泽度，做到适时上市。

一、育肥鸡的特点

此期间育成鸡的羽毛已基本覆盖全身，采食量最多，消化最快，生长增生也快，脂肪沉积多，绝对生长最快，肉的品质得以完善，是决定育肥鸡商品价值和养殖效益的重要阶段。因此，在饲养管理上要抓住这一特点，使育肥的育成鸡迅速达到上市体重出售。

二、育肥鸡的饲养方式

肥育期的饲养方式常因饲养规模大小而异，大群的饲养方式一般和育成鸡一样，除留作种用的另舍饲养外，育肥的鸡只可原舍饲养，直至出栏。若有条件的地方，特别是在山区的农户和果农，可以在田间或丛林、果树林中放养。一方面可以让鸡捕食大自然的昆虫、蚂蚁、脱落粮食及草根等，节约饲料；另一方面可以增强鸡的体质，使上市鸡的外观更适合消费者的心意。但育肥的鸡放养的范围不宜过大，目的是减少鸡的运动，利于育肥。

三、育肥鸡的饲养管理

（一）分群饲养

在大群饲养过程中，所有的鸡不可能长得一样，每批鸡必然会出现一些个体较小、体质较差的。为了确保育肥的效率，必须做好大小强弱的分群工作，一般以 300～500 只一群为宜。

（二）调整密度

育肥鸡群舍饲密度不能太大，否则容易造成鸡与鸡之间相互挤压，采食也不均匀，常常引起啄羽，使生产能力降低。采用地面厚垫料平养方式时饲养密度为每平方米 10～16 只。放养鸡每个小区面积以 1 000 米^2 为宜，每 1 000 只鸡需 50～60 米^2 鸡舍面积。

（三）合理光照

无论是圈养还是放养，舍内必须配备照明设备，通宵开灯补饲，保证群体采食均匀，饮水正常，以利消化吸收和发育整齐。

（四）驱虫与防疫

育肥期的前 2～3 天，应驱虫一次，以驱除体内寄生虫，得到更好的育肥效果。

（五）合理的饲喂方式

在黑凤鸡的肥育期，要采用颗粒料。投喂方式采用定时投喂，任鸡自由采食，投喂的饲料量应掌握在鸡群每次食饱后仍略有剩余为原则，保证每只鸡都能食饱。为了达到催肥目的，应添加些油脂类的能量饲料，降低粗纤维及糠麸类饲料的含量。

黑凤鸡喜食绿色食物，若采用放养方式，园内最好套种些菜、草，供鸡自由觅食以补充饲料中缺少的维生素、微量元素及矿物质，增强鸡的食欲。还可在饲养园内养殖蚯蚓、黄粉虫、蝇蛆等动物性饲料供黑凤鸡食用，以丰富黑凤鸡的食物结构，促进黑凤鸡的快速生长，提高养殖效益。

在育肥中后期，配合饲料中不要添加人工合成色素、化学合成的非营养添加剂及药物等，应加入适量的橘皮粉、松针粉、大蒜、生姜、茴香、八角、桂皮等自然物质以改善肉质和增加鲜味。

（六）做好清洁和消毒工作

育肥期间，舍内外环境、饲槽、工具要经常清洁和消毒，以防引入病原，这是直接影响到育肥鸡成活率的重要因素，千万不能疏忽大意。

（七）注意经常观察和检查鸡群

育肥期应该注意经常地观察和检查鸡群。看鸡群的食欲、食量情况，关注鸡群的健康。发现病鸡要隔离。

（八）适时上市

商品黑凤鸡饲养至 90～120 日龄、公母体重分别在 1 000～1 200 克和 800～900 克，即可出售上市（放养的黑凤鸡要求在脱温后在放养场放养 4 个月后才能上市）。出栏前 8～12 小时，停止喂料，把料槽撒在舍外，但饮水不能停。抓鸡时最好在较暗的环境下进行，把鸡隔离成小群，抓鸡的双腿，动作不能粗暴，以防出现伤残，轻轻放入专用运输笼中。

在育肥鸡上市的时候，还必须考虑运输工作，有些鸡场往往由于运输环节抓得不好而发生鸡体损伤或中途死亡，造成不必要的损失。在运输时要做到及时安全，夏季应当晚上运输。装运时，鸡笼不要太挤，笼底加铺垫底，车速不能太快，鸡笼不能震动太大，到目的地就要及时卸下，千万防止长时间日晒雨淋。

（九）售后卫生消毒

　　为有效地杀灭病原微生物，育肥鸡采用"全进全出"制。每批鸡出售后，鸡舍用2%烧碱溶液进行地面消毒，并用塑料布密封鸡舍，用甲醛和高锰酸钾进行熏蒸消毒，以备下批饲养。

第八章　种鸡的饲养管理

种鸡的价值在于其性能的高低，种鸡的生产性能主要包括母鸡产蛋量和产蛋质量、种蛋受精率、种蛋孵化率及雏鸡强健情况等。正确的饲养管理能使种鸡充分发挥其遗传潜力，获得最佳的生产性能，其重要性不可忽视。

第一节　种鸡的生理特点及饲养方式

一、后备种鸡的生理特点

后备种鸡是指 60 日龄后选出的种鸡。后备种鸡各部分的生理功能不协调，生殖器官虽发育成熟，但不完全。后备期种鸡羽毛已经丰满，抗寒抗雨能力均较强，对外界环境已有较强的适应和抵抗能力。因此，后备期的种鸡应逐渐减少补饲日粮的饲喂量和补饲次数，并保持较低的补饲日粮的蛋白质水平，有利于骨骼、羽毛和生殖器官的充分发育。

二、成年黑凤鸡的生长发育特点

成年黑凤鸡是指 150 日龄以上的鸡，成年黑凤鸡已经基本完成了躯体和器官的生长发育，主要任务是繁殖后代。这时体重的增长除在产蛋前期有一定的趋势外，饲料营养物质主要是用于产蛋。从开始产蛋起，产蛋母鸡在产蛋期的体重、蛋重和产蛋量方面都有一定规律的变化。以这些变化为基础，可将母鸡的第一个生物学产蛋年（即从开产到产蛋满 1 年为止）划分为 3 个阶段，各个阶段都有它的特点。

第一个阶段是从开产至产蛋量达到高峰期，大约是从开产至42 周龄。在这时期不但产蛋量迅速上升，蛋重也逐渐增加。而且，母鸡体重也有所增加。

第二阶段是从产蛋高峰期到 62 周龄，这时母鸡的产蛋量已开始下降，但蛋重则有所增加，机体成熟后易于沉积脂肪，故母鸡的体重也有所增加。

第三阶段是 62 周龄以后，直到母鸡换羽停产，这时期的产蛋率明显下降，但蛋重达最大。此时由于母鸡利用钙质的机能下降，蛋壳的质量有所降低。

三、种鸡的饲养方式

种鸡饲养方式一般采用舍内地面平养或网上平养，舍外设运动场的方式，舍内设有产蛋箱，舍内和运动场都设有栖架。运动场地面最好为沙土地面或在运动场设置沙地。运动场上搭好遮雨棚，以防料槽和育成鸡受雨淋。料槽和饮水器在舍外圈养区的遮雨棚下均匀分布。

第二节　种鸡的饲养管理

一、后备种鸡的饲养管理

后备种鸡迅速生长发育并达到性成熟和体成熟，是决定成年鸡生产性能最重要的时期。这一时期最重要的工作是控制光照，饲养管理方法要科学化，这跟育肥鸡有很大的不同。如果饲养管理不当，可导致成年种鸡生产性能低下，经济价值低，甚至失去种用价值。

（一）密度

不同的饲养方式，饲养密度的大小不同。饲养密度过大，则舍内空气容易浑浊，垫草容易潮湿，鸡群活动范围小，鸡只采食不均匀，不利于鸡只健康；密度过小，则建筑面积利用率低，增加成本。而适宜的饲养密度是在不影响种鸡的生产性能和鸡健康的基础上充分利用建筑面积。一般要求，黑凤鸡种鸡的饲养密度在开产前每平方米 5~6 只鸡。鸡群的数量每栏控制在 250~300 只。

（二）驱虫

转入种鸡舍的后备鸡头 2 天，就要进行第 1 次驱虫，相隔15~20 天再进行第 2 次驱虫。驱虫主要是指驱除体内寄生虫，如蛔虫、绦虫等。可使用虫清、左旋咪唑或丙硫苯咪唑。第 1 次驱虫每1 000 只鸡用虫清 100 克，第 2 次驱虫种鸡用虫清加倍。可在晚上直接拌料，先用少量饲料拌匀，然后再与全部饲料拌匀进行喂饲。一定要仔细将药物与饲料拌得均匀，否则容易产生药物中毒。第 2天早晨要检查鸡粪，看看是否有虫体排出，然后要把鸡粪清除干净，以防鸡只啄食虫体。如发现鸡粪里有成虫，次日晚餐可以同等药量驱虫 1 次，以求彻底将虫驱除。

（三）光照控制

光照对于控制适宜的开产时间至关重要。17 周龄前每天光照 8小时，18 周龄每天光照 9 小时，19 周龄每天光照增加到 10 小时，从 20 周龄开始每周增加光照 0.5 小时，一直到 28~30 周龄，每天光照达到 14~16 小时为止，并固定不变。补充光照可采取早、晚用灯光照明，光照强度以 1~1.5 瓦/米^2 为宜，一般每15 平方米面积可用 25 瓦灯泡 1 个，灯泡高度距鸡体 2 米为宜，灯与灯距离 3 米。

（四）做好消毒工作

做好种鸡舍内外的卫生清洁工作，每天清扫鸡舍 2 次，降低病原菌的含量。一般冬春季节每周带鸡消毒 2 次，夏秋隔天一次。

（五）保持鸡舍的环境清静

给鸡群创造一个良好的环境，在鸡舍工作时，严禁大声喧哗。

（六）免疫接种

切实做好种鸡的防疫工作，及时进行相应日龄的免疫接种。

（七）及时淘汰不适于留种的鸡只

后备期的黑凤鸡，无须进行限制饲养（因为黑凤鸡不易沉积腹脂）。但是育成期或性成熟前（产蛋前）都应淘汰不适于留种的鸡只。这时的选择主要根据母鸡生理特征及外貌进行。性成熟的母鸡冠和肉垂颜色鲜红、羽毛丰满、身体健康、结构均匀、体重适中、不肥不瘦。淘汰那些发育不全、生理缺陷、干瘦、两耻骨间距特别小、腹部粗糙无弹性的个体。对于公鸡的第二性征发育不全如面色苍白、精神不佳者也应淘汰。

（八）注意天气和外界环境对育成鸡的影响

育成鸡虽然抵抗力比雏鸡强，但由于育成鸡舍缺乏雏鸡舍的保暖设备，再加上限制饲养对鸡体质的影响，育成种鸡对外界恶劣条件的抵抗力较差。故要做好防寒、降温、防湿工作。特别是在天气突然变化，如大风雨的袭击、气温骤降等，都很容易因育成鸡受凉而患呼吸道疾病、消化道疾病或其他疾病。所以，饲养人员要时刻注意当地气象部门的天气预报，在上述恶劣天气来临前，做好抗灾工作，如关好门窗，拉好帐篷，防止贼风，同时在饲料上投放一些预防常见疾病的药物，保证鸡只安全度过灾害。这些工作是细致的管理工作，又是易被人们所忽略的，因此，必须有责任心的人才能胜任。

二、种鸡的饲养管理

黑凤鸡150天左右性成熟，但个体性成熟差异较大，个体开产时间很不整齐，最早的5月龄开产，最迟的到7月龄。下面就开产前、产蛋期及休产期3个阶段的饲养管理进行介绍。

（一）开产前的饲养管理

（1）选种　种鸡临产前半个月进行第2次选种，公鸡体重1.5千克，母鸡1.25千克时，公母比按1∶（3~4）选留。

（2）转换饲料　鸡群入栏后在1周内还应按育成后备鸡的饲养管理方式饲喂，待鸡群稳定后开始慢慢把饲料转换成产蛋期饲料，除饲料变化外，饲喂方式还是按照后备种鸡的方式进行。

（3）保持环境稳定　种鸡的适宜温度应在18~26℃，夏季舍内可用水喷雾降温，运动场可用遮阳网等遮阳。

处于临产状态的黑凤鸡，表现高度神经质，极易惊群而增加软蛋、破蛋和窝外蛋。严重时，还会致使产蛋率下降。因此，尽量避免惊扰此阶段的鸡群，一切必需的程序，如疫苗接种、选择淘汰、清点鸡数、转群等应在此之前完成。

（4）密度　开产前种鸡密度要调整为每平方米5~6只，每群以100~150只为宜。

（5）开产前逐渐增加光照　光照管理是提高禽类产蛋性能必不可少的重要管理技术之一，种鸡光照的目的在于刺激和维持产蛋平稳；另一个作用是调节青年鸡性成熟，使母鸡开产整齐，以达到将来高产稳定。光照对种鸡是相当敏感的，采用正确的光照，产蛋能收到良好的效果，使用不当可出现过早开产，蛋重小等副作用。

开产前2~3周，采用自然光照，不补充人工光照。2~3周后逐渐增加光照时间，一般每周增加 20～30 分钟，至每天光照时间达 16～17 小时为止。在每天关灯时最好在 1～20 分钟内逐渐部分关灯或慢慢减弱亮度给鸡一个信号，以使鸡找到适合的栖息位置，有条件者可使用光控仪。

（6）设产蛋箱　在开产前 2～3 周左右，将产蛋箱放置在鸡舍内，为吸引雌黑凤鸡在箱内产蛋，产蛋箱应放置在光线较暗、通风良好、比较安静的地方，垫料要松软，并在箱中放入假蛋进行调教。产蛋箱规格为 30 厘米 × 25 厘米 × 30 厘米。6 只雌鸡配一个产蛋箱。由于黑凤鸡喜欢在沙子中产蛋，也可在屋角暗处做 1 个产蛋沙地，但必须保持沙子清洁卫生。

黑凤鸡没有就巢性。通常母鸡第一个蛋下在什么地方，以后就固定在这个地方。因此，产蛋箱一定要在开产之前设置好。

（7）做好相应日龄的免疫　按照日龄免疫程序准备好鸡新城疫、减蛋综合征、禽流感等疫苗的免疫接种工作。

（8）按比例配置公鸡　在 170 日龄按公母比例 1：（8～10）把经过挑选的健康公黑凤鸡放入到母鸡群中。放入时间应在熄灯前进行，以避免惊群。目前许多养殖户利用给黑凤鸡戴眼镜的方法使其看不见打架的对象防止公黑凤鸡的争斗。戴上眼镜的公鸡，不能再欺负其他公鸡，只能从侧面、下面看东西，活动采食都没问题，效果较好。

（二）产蛋初期的饲养管理

在规模饲养下，配合饲料和人工光照的应用，黑凤鸡一般在 150 日龄即可开产，到 180 日龄时，产蛋率可达到 50%。将 150～180 日龄的这一时期称为始产期。始产期内产蛋规律不强，蛋体较小，受精率和孵化率均偏低，一般不适合进行孵化。这一阶段要随时注意产蛋率的变化，加强饲养管理及日常工作，搞好环境卫生。

（1）保持饲料的营养物质含量和饲料种类相对稳定　保持前期日粮中的蛋白质和能量水平，保持日粮的投喂量相对稳定。一般情况下，不要轻易改变饲料种类。

（2）保持鸡群状况的相对稳定，尽量减少各种应激因素的刺激 黑凤鸡在开始产头 2 个蛋的时候，精神亢奋，上窜下跳，高度神经质，这期间应尽量避免惊扰鸡群。为此，尽可能做到以下几点。

① 日常饲养管理工作的规律性。随意改变饲养员，甚至饲养员衣服的颜色，改变饲喂时间、卫生工作等都是不利的。

② 种鸡如需要投药，尽可能采用拌料或饮水方式，一定要采用注射方式，也应尽量选择在夜间进行。

③ 种鸡开产后，不能搬迁鸡群。

④ 保持鸡舍的安静。尖叫声的噪声、物体的晃动、老鼠等动物在鸡舍的活动等都会造成鸡群恐慌、造成产蛋下降和不合格蛋增多。

（3）光照管理 每天光照时间固定 16～17 小时。

（4）保健计划 根据相应日龄做好基础免疫工作。此阶段鸡群由于接种疫苗和生理变化的双重应激，料量增加较快，容易引起生理性和病理性下痢，营养摄取不足，产蛋高峰上不去，产蛋持续性差。此阶段保健应以减少应激、防治下痢为主。

（5）降低蛋的破损率 种蛋破损的原因主要有两个：一是由于饲料中钙磷含量不足或比例失调引起的，可以通过调整饲料配方改正；二是由于人为造成的，如拾蛋次数少，多个蛋在蛋箱被母鸡压破，或拾蛋时动作过重而碰破等。

减少人为造成的破蛋率，要勤捡蛋，一般视产蛋率的高低每天要拾 4～5 次。拾蛋时动作要轻，验蛋时的敲击要小心。

（三）产蛋高峰期的饲养管理

从 180 日龄开始，产蛋率稳步上升，在 200 日龄时，产蛋率可达到 85% 左右，维持 80% 以上产蛋率 2～3 个月后，产蛋率缓慢下降，因此生产上把这一阶段称为产蛋高峰期。产蛋高峰期内种蛋大小适中，受精率和孵化率较高，雏鸡容易成活。

（1）鸡群的日常观察 只有及时掌握鸡群的健康及产蛋情况，

才能及时准确地发现问题，并采取改进措施，保证鸡群健康和高产。

（2）观察鸡群精神状态、粪便、羽毛、冠髯、脚爪和呼吸等方面有无异常。若发现异常情况应及时处理，有病鸡应及时隔离或淘汰。观察鸡群可在早晚开关灯、饮喂、捡蛋时进行。夜间闭灯后倾听鸡只有无呼吸异常声音，如呼噜、咳嗽、喷嚏等。

（3）喂料给水时，要注意观察饲槽、水槽的结构和数量是否适应鸡的采食和饮水需要。注意每天是否有剩料余水、单个鸡的少食、频食、食欲废绝和恃强凌弱而弱食者吃不上等现象发生，以及饲料是否存在质量问题。

（4）观察舍温变化，通风、供水、供料和光照系统等有无异常，发现问题及时解决。

（5）补钙 产蛋期自始至终饲料中50%的钙要以大颗粒（3～5毫米）的形式供给。一方面可延长钙在消化道的停留时间，提高利用率；另一方面也可起到根据鸡的需要，调节钙摄入量的目的。

（6）减少应激 进入产蛋期的黑凤鸡，一旦受到外界的不良刺激（如异常的响动、饲料的突然改变、断水断料、停电、疫苗接种），就会出现惊群，发生应激反应。后果是采食量下降，使产蛋率、受精率和孵化率都同时下降。在日常管理中，要坚持固定的工作程序，各种操作动作要轻，产蛋高峰期要尽量减少进出鸡舍的次数。开产前要做好疫苗接种和驱虫工作。高峰期不能进行这些工作。

（7）合理饲喂 产蛋期种母鸡的产蛋量保持在相对较高的水平，日粮主要是满足使种母鸡的产蛋高峰持续时间长一些，下降缓慢一些。由于产蛋量基本保持稳定，日粮饲喂量也保持稳定，如考虑产蛋量的变化和种鸡所产的蛋重有随年龄增长而增加的趋势，可作进一步、更准确的调整日粮喂量，但一般变化不应很大。

（8）光照控制 每天光照时间仍固定16～17小时，保持到产蛋结束。自然光照不足时，用人工光照加以补充。人工光照的光源一般用普通白炽灯，鸡舍光照强度增至40勒为止，直到产蛋结束。

切记在产蛋期间光照时间不能缩短，光照强度不能减弱。

（9）提高种蛋的受精率　目前生产中，提高种蛋的受精率，主要采用如下技术手段。

① 培育和挑选优秀的种公鸡。

② 自然交配时，公母鸡的比例要适当。

③ 自然交配时，公母鸡的体型体重要匹配，如公鸡体型过大，母鸡体型很小，会导致交配的困难，反之亦同。

④ 经常检查公鸡，发现体况和活力不强的公鸡，立即挑出，补充新的公鸡。

⑤ 鸡舍的温度应保持在 8~28℃，气温过高会使受精率下降，气温过低鸡群的交配活动减少，受精率下降。

⑥ 种蛋应减少鸡粪等污染，保持蛋壳清洁，种蛋受污染或抹洗后都会使受精率下降。

⑦ 要勤捡种蛋，特别是高气温条件下产出的种蛋，应尽快收集好，数小时内交蛋库收存。

（10）选留种蛋　产蛋高峰期是收集种蛋时期，捡出的种蛋，经初步挑选后送入种蛋库进行消毒保存。收集种蛋时避开产蛋高峰时间 10：00~14：00 时，每天应收集 6~7 次种蛋。如果发现种蛋受精率不高，可能是公鸡性机能有问题或饲料质量不好，要注意观察，及时采取措施。

① 种蛋来源。种蛋必须来自健康而高产的种鸡群，种鸡群中公母配种比例要恰当。

② 蛋的重量。种蛋大小应符合品种标准。应该注意，一批蛋的大小要一致，这样出雏时间整齐，不能大的大、小的小。蛋体过小，孵出的雏鸡也小；蛋体过大，孵化率较低。

③ 种蛋形状。种蛋的形状要正常，看上去蛋的大端和小端明显，长短适中。长形蛋气室小，常在孵化后期发生空气不足而窒息，或在孵化 18 天时，胚胎不容易转身而死亡；圆形蛋气室大，水分蒸发快，胚胎后期常因缺水而死亡。因此，过长或过圆的蛋都不应该选作种蛋。

④ 蛋壳的颜色与质地。蛋壳的颜色应符合品种要求，蛋壳颜色有粉色、浅褐色或褐色等。砂壳、砂顶蛋的蛋壳薄，易碎，蛋内水分蒸发快；钢皮蛋蛋壳厚，蛋壳表面气孔小而少，水分不容易蒸发。因此，这几种蛋都不能做种用。区别蛋壳厚薄的方法是用手指轻轻弹打，蛋壳声音沉静的，是好蛋；声音脆锐如同瓦罐音的，则为壳厚硬的钢皮蛋。

⑤ 蛋壳表面的清洁度。蛋壳表面应该干净，不能被粪便和泥土污染。如果蛋壳表面很脏，粪泥污染很多，则不能当种蛋用；若脏得不多，通过揩擦、消毒还能使用。如果发现脏蛋很多，说明产蛋箱很脏，应该及早更换垫草，保持产蛋箱清洁。

⑥ 保存时间。一般保存 5~7 天内的新鲜种蛋孵化率最高，如果外界气温不高，可保存 10 天左右。随着种蛋保存时间的延长，孵化率会逐渐下降。经过照蛋器验蛋，发现气室变大的种蛋，都是属于存放时间过长的陈蛋，不能用于孵化。

（11）做好记录工作　因为生产记录反应了鸡群的实际生产动态和日常活动的各种情况，通过它可及时了解生产、指导生产，也是考核经营管理的重要根据。生产记录的项目包括死淘数、产蛋量、破蛋数、蛋重、耗料量、饮水量、温度、湿度、防疫、称重、更换饲料、停电、发病等，一定要坚持天天记录。

（四）休产期的饲养管理

进入休产期的黑凤鸡的繁殖活动基本停止，并开始正常换羽。换羽期的黑凤鸡体质较弱，为促使新羽快速长成，饲料中的蛋白质、维生素、矿物质及微量元素的比例要适当增加，同时注意补充青绿饲料、羽毛粉和蛋氨酸等，为黑凤鸡的安全越冬做好准备。到了产蛋后期，鸡舍的有害微生物数量大大增加。因此，更要做好粪便清理和日常消毒工作。

（五）种母鸡群的淘汰

种黑凤鸡的利用年限最好是 3~5 年，年限长了，种蛋的受精率逐年降低，因此，应注意及时淘汰种黑凤鸡。淘汰的种黑凤鸡进行育肥处理。

育肥期间养殖密度可适当增大，并限制黑凤鸡的个体活动，雌雄要分群饲养，防止追逐交配而消耗体力。饲料以能量饲料为主，如玉米、碎米等，适当减少一些青绿饲料。饲喂在 4～6 次，保证充足的饮水供应。

淘汰的成年黑凤鸡，经过长期的饲养，单纯追求生产的性能，肉质变韧，特别是黑凤鸡特有的香味有所减退，因此，可采取以下几方面进行肉质的改进。

（1）育肥时间　淘汰的种黑凤鸡育肥时间一般在 2～3 周。

（2）添加香味剂　在育肥期的饲料中，应加入适量的大蒜粉、橘皮粉、松针粉、大蒜、生姜、茴香、八角、桂皮等自然物质以改善肉质和增加鲜味。

（3）添加腐殖叶　在育肥期的饲料中，加入 3% 的腐殖叶，也同样可以提高黑凤鸡肉的风味。腐殖叶应是收集无害的腐殖落叶，经烘干磨粉后饲喂。

（4）减少鱼粉用量　鱼粉作为动物性蛋白质饲料，对黑凤鸡生长极为有利，但鱼粉特有腥味会影响到黑凤鸡肉的正常风味。因此，可以用饲料酵母＋豆饼＋复合氨基酸的办法来代替鱼粉，可有效地提高黑凤鸡的肉质风味。同时还可以在饲料中增加适量的甜菜碱等方法来增加黑凤鸡肉的适口性。

第三节　黑凤鸡的季节管理

一、春季

春季气候较暖，日照时间加长，黑凤鸡的新陈代谢旺盛，是产蛋、孵化、育雏的最好季节。应调整好鸡群，使公母比例适宜，注意日粮中各种营养物质的供应，适当补喂青绿饲料，保证蛋的品质，备足产蛋箱，尽量减少脏蛋、破损蛋和窝外蛋。

春季病毒微生物易繁殖，应每周带鸡消毒1次，早春注意鸡舍的保温，晚春注意通风换气。

二、夏季

夏季应注意防暑降温。饲喂可安排在早、晚凉爽的时间，中午可多喂一些青绿饲料，供给清洁的饮水。运动场可种树、搭荫棚或种植一些藤叶植物遮阳。炎热高温天气或中午，可用高压喷枪或小型喷雾器喷水降温；雨后要及时排出运动场的积水，产蛋箱的垫草应勤换。常清除粪便，防止湿度增加。

夏季高温炎热，为保证种鸡的产蛋量，可提高日粮营养物质的含量，尤其是蛋白质可提高2%～3%，还可在日粮中添加1%～2%的油脂，既可代替碳水化合物补充能量，又可降低热增耗，以维持产蛋率和蛋重。适当添加青绿多汁饲料的喂量，能刺激鸡的食欲，有助于防暑和生长。特别是炎热天气，要在饲料中添加100毫克的维生素C或在饮水中加入0.01%的维生素C，提高产蛋率，又能增强鸡体对病毒性疾病的抵抗力。若遇阴雨天，应在饲料中加土霉素或磺胺类药物，防止球虫病的发生。

三、秋季

秋季日照减短，昼夜温差大。种鸡开始停产换羽。一般换羽早，换羽持续时间长的鸡多为低产鸡；换羽晚，持续时间短的鸡多为高产鸡，应根据换羽情况进行选择淘汰，对剩余鸡群应加强饲养，适当提高日粮中的蛋氨酸和胱氨酸，以利于缩短换羽期，为下一个产蛋期打基础。秋季应结合选择淘汰进行驱虫和疫苗接种，并做好入舍前的防寒保暖等准备工作。

四、冬季

冬季气温低，日照减短，黑凤鸡的热量消耗大，采食量增加，应适当增添高能量饲料，补充维生素。最好采用干粉料饲喂，晚上饲喂时间稍晚些且要喂饱。必要时晚上可添加一些粒料。冬季为使黑凤鸡能正常产蛋，应补充光照。鸡舍内外温差较大，应早关、晚放。有条件的鸡场可供给温水，黑凤鸡不能饮0℃左右的冰水。运动场上可撒些谷物，或将一些青绿饲料挂在运动场的围网上，鸡啄食时，可增加运动量，增强体质。

第九章 黑凤鸡常见疾病的诊治

黑凤鸡虽然抗病力很强，但对很多疾病也是比较易感的。在正常饲养情况下，如果饲料营养不全价会发生营养缺乏症，如果饲养条件差、喂养不当就有可能引发疫病的流行。因此，必须立足于卫生防疫，树立"防重于治"的观念。

第一节 兽医卫生防疫措施

兽医卫生防疫措施是一项系统工程，从引种、饲养、管理到卫生防疫制定一系列的科学、严密的标准和制度，这是预防、控制和消灭疾病的基本手段。

一、建立健康的黑凤鸡种群

为了保证鸡群健康，种鸡群应该无垂直传播的疾病如沙门氏菌病、大肠杆菌病、支原体病、减蛋综合征、包涵体肝炎等，还要无新城疫、马立克氏病、传染性法氏囊病、痘病和霍乱等。

二、加强饲养管理

合理的饲养管理是提高黑凤鸡非特异性抵抗力的基础，改善饲养管理条件也是疾病防治的重要措施之一。为此，要进行一系列的工作。

（一）注意通风换气

为了保证空气新鲜，黑凤鸡舍内氨浓度不应超过 20 毫克/升，二氧化碳浓度不超过 3 000 毫克/升（或 0.3%），硫化氢浓度不得超过 10 微克/升。否则污染的空气被鸡吸入，不但会影响生长发育，还会引发多种疾病。因此，在实际饲养中要保持舍内空气清新，为此要经常进行通风换气，经常清除粪便。

（二）保持舍内合理的温、湿度

黑凤鸡舍内的温、湿度要保持在适宜的范围内，不可以突然改变。如果舍内温、湿度过高或过低，就会引起鸡体质衰弱，对疾病的易感性增强，所以，应随时监控舍内温、湿度。

（三）饲料与饮水

黑凤鸡的日粮既要有足够的营养，又要清洁卫生，饮水应干净。

（四）全进全出的饲养方式

在现代化的养殖场都采用全进全出的饲养方式，这可提高生产效率，方便卫生防疫。雏鸡整批进舍，到市后整批出售，每批出舍后经清洗、消毒、空闲 1～2 周后再进下一批雏鸡，这可有效地消除连续感染，并给新进鸡群提供一个清洁卫生的环境。长期的禽类实验证明，采用全进全出的饲养模式的防疫效果十分明显。

三、卫生措施

饲养实践证明，加强平时的卫生管理是保证预防疾病发生的基础，也是控制和消灭疾病的重要措施。日常管理中需要注意的事项如下。

（一）环境卫生

黑凤鸡的生活环境主要是指大气、场地、建筑物等非生物因素和动物、植物、微生物等生物因素，对其生命和健康有直接的影响，而黑凤鸡自身的生活活动比如呼吸、排泄、代谢也会影响环境，黑凤鸡与环境相互依存、相互影响，达到动态平衡。

（二）饲料卫生

黑凤鸡以植物性饲料为主，要防止饲料出现霉变、污染、杂质等现象。

（三）饮水卫生

水在循环过程中经常受到自然或环境因素而污染，特别是受到工业废水、生活废水、灌溉污水及有害、有毒废物等的污染更为突出，常见的有害污染物主要有病原微生物、寄生虫、农药及重金属等。所以对于黑凤鸡的饮用水必须进行卫生监测，不合格的水不能饮用。

（四）用具卫生

饲养用具比如笼箱、料盆、水具、料具等的卫生状况直接或间接与疾病发生有关，必须进行洗涤消毒。

四、防疫措施

防疫措施是针对传染病采取的预防、控制和消灭其发生与流行的方法，包括检疫、隔离、免疫接种、药物预防、封锁、消毒、灭鼠杀虫等几个方面。

（一）检疫

禽类检疫是指国家法定的机构和人员，依照法定的方法和技术标准，对禽类、禽类产品的健康卫生状况实施定性检测和处理的一种具有强制性的技术性措施。

全国禽类检疫对象的具体病种名录由国务院畜牧兽医行政管理部门规定并公布。检疫是对黑凤鸡各种疾病进行预防及治疗的基础，在引进黑凤鸡时要进行检疫，在整个饲养过程中每年都要进行检疫，只有通过检疫才能掌握疾病传染情况及体内免疫抗体动态，以便采取相应的措施。

（二）隔离

隔离是指将患病黑凤鸡和疑似感染黑凤鸡控制在一个有利于防疫和生产管理的环境中进行单独饲养和防疫处理的一种措施。根据检疫结果，可将黑凤鸡群分为患病鸡群、疑似感染鸡群和假定健康鸡群。

对检出的患病黑凤鸡应立即送往隔离栏舍或偏僻地方进行隔离。如患病黑凤鸡数量较多时，可隔离于原鸡舍内，而将少数疑似感染黑凤鸡移出观察。对有治疗价值的，要及时治疗；对危害严重、缺乏有效治疗办法或无治疗价值的，应扑杀后深埋或销毁。对患病黑凤鸡要设专人护理，紧张闲散人员出入隔离场所。饲养管理用具要专用，并经常消毒，粪便发酵处理，对人禽共患病还要做好个人防护。

对可疑感染黑凤鸡应经消毒后转移隔离（应与患病黑凤鸡群分别隔离），限制活动范围，详细观察、及时变化。有条件时可进行紧急预防接种或药物预防。根据该种传染病潜伏期的长短，经一定时间观察不再发病后，要在消毒后解除隔离。

对假定健康黑凤鸡应及时进行紧急预防接种，加强管理和消毒等。

（三）免疫接种

免疫接种就是给正常的黑凤鸡定期接种相应的疫苗、菌苗、类毒素或免疫血清，以获得特异性免疫力，达到预防或治疗传染病的目的，常见的免疫接种分为预防接种和紧急接种两种。

1. 预防接种

预防接种是在鸡群发病时，为了预防发生疾病而采取的计划性免疫接种。在进行预防接种时需要注意根据疫苗、免疫血清的性质、种类、该病的流行特点、当前鸡群的体况，采取相应的接种途径及剂量。其途径可以是静脉、皮下、肌内注射、口服或气雾等。

2. 紧急接种

紧急接种也叫"顶风上"，主要在疫区，为了迅速控制盒扑灭疫病的流行，对疫区及近疫区未发病的黑凤鸡进行的一种免疫接种。在理论上应该先接种免疫血清或卵黄抗体，经 1~2 周后再接种疫苗，但在实践中由于血清供应受限并且价格较高，于是常选用毒力弱、免疫产生期短的疫苗直接免疫。黑凤鸡常用的免疫记录如表 9 –1 和表 9 –2 所示。

表 9 –1　黑凤鸡防疫计划表

接种日期	疫苗名称	厂家	疫苗单价	用量	日龄	总金额	疫苗有效期

表 9 –2　黑凤鸡群免疫档案记录

项目	疫苗情况	疫苗名称	制造单位	批号	包装剂量	包装剂型	失效期	稀释后名称	稀释倍数	免疫方法	每只用量	总用量	保存温度	免疫情况	品名	存栏量	日龄	免疫时间	免疫数	有无反应	免疫前抗体效价	免疫后抗体效价	改进意见	备注
免疫记录																							

兽医签字　　　　　　　　　　　　　　　　　　　　　年　月　日

3. 黑凤鸡常见疫苗种类

(1) 弱毒疫苗 弱毒疫苗是用活的病毒或细菌经致弱制备而成。具有产生免疫效果好、接种方法多、用量少、使用方便的有限，还可以紧急接种。缺点是容易引起接种反应和呼吸道症状，有时还影响产蛋。如果疫苗的毒力不够，还会造成接种鸡在一定时间内不断向外排毒，从而感染没有接种过疫苗的黑凤鸡。接种疫苗时，有的鸡群反应良好，有的则出现较多不良反应。

(2) 灭活疫苗 灭活疫苗又称死苗。一般使用强毒株病原微生物灭活后制成。优点是安全性能好，不散毒，受温度的影响较小，易保存。缺点是用量大，接种方法以皮下或肌内注射为主，因此费工费时。此外，灭活苗产生免疫力时间较长。

(3) 联合疫苗 联合疫苗是指将两种或两种以上的病毒或细菌混合后培养或分别培养后再混合，按一定的规程制备，用于预防2种或2种以上的细菌性或病毒性传染病的疫苗。实际应用可分为二联苗、三联苗等。如新支二联苗是新城疫苗和传染性支气管炎疫苗的联和苗。联合疫苗既有弱毒活苗，也有灭活死苗。

4. 疫苗的运输与保管

(1) 疫苗的运输 疫苗的安全运输时保证免疫成功的重要环节之一，在天气炎热时，弱毒疫苗应在低温条件下运输，一般需要专用疫苗箱，放置冰块降低运输温度；油乳剂灭活疫苗可以在常温下运输，但要避免阳光直射和高温条件下运输。

(2) 疫苗的保存 疫苗购回场后，要有专人保管，造册登记，以免错乱。不同种类、不同血清型、不同毒株、不同有效期的疫苗应分开保存。弱毒苗要求放在零下20℃的超低温环境下，而油乳剂灭活苗在2~8℃的冷藏柜存放，不能冷冻，冷冻后则油水分离不能使用。应经常检查冰箱温度，最好用备有电源。冰箱如结霜或结冰太厚时，应及时清除，使冰箱达到预定的冷藏温度。

5. 疫苗的使用剂量

疫苗的剂量不足，不能刺激机体产生有效的免疫反应，剂量过大则可能引起免疫麻痹或毒副反应，所以疫苗使用剂量应严格按照产品说明书进行。有些养殖户随意将疫苗剂量加大几倍使用，这是错误的。大群接种时，为预防注射过程中的一些浪费，在配制时可适当增加 10% ~ 20% 用量。

6. 疫苗的稀释

稀释疫苗之前应对使用的疫苗逐瓶检查，尤其是名称、有效期、剂量、封口是否严密、是否破损和吸湿等。对需要特殊稀释液的疫苗，应用指定的稀释液。弱毒疫苗一般可用生理盐水或蒸馏水稀释。稀释液应是清凉的，这在天气炎热时尤应注意。稀释液的用量在计算和称量时均应细心和准确。稀释过程应避光、避风尘和无菌操作，尤其是注射用的疫苗应严格无菌操作。稀释过程一般应分级进行，对疫苗瓶应用稀释液冲洗 2 ~ 3 次。稀释好的疫苗应尽快用完，尚未使用的疫苗也应放在冰箱或冰桶中冷藏。对于液氮保存的马立克氏病疫苗的稀释，更应小心，生产厂家有操作程序说明时，应严格遵照执行。

7. 疫苗的接种途径

免疫接种操作上的失误，是造成免疫失败的常见原因。不同免疫接种途径的优缺点及注意事项如下。

（1）饮水免疫　饮水免疫优点是避免抓鸡环节，可减少劳力和鸡群应激，适合散养青年雏鸡及产蛋种雏鸡新城疫弱毒苗的免疫。注意油乳剂灭活苗不能采用饮水免疫。饮水免疫使用的饮水应是凉开水，水中不应含有任何消毒剂。自来水要放置 2 天以上，待氯离子挥发完全后才能应用，否则会使疫苗失效。饮水中加入 0.1% ~ 0.3% 的脱脂乳或山梨糖醇可以保护疫苗的效价，提高免疫效果。为了使每一只鸡在短时间内能均匀地摄入足够量的疫苗，在供给含疫苗的饮水之前 2 ~ 4 小时应停止饮水供应（视环境温度而定）。稀释疫苗所用的水量应根据鸡的日龄及当时的室温来确定，使疫苗稀释液在 1 ~ 2 小时内全部饮完。饮水器应充足，使鸡群 2/3 以上的鸡同时有饮水位置。饮水器不得置于直射阳光下，如风沙较大时，饮水器应全部放在室内。夏季天气炎热时，饮水免疫最好在早上完成。

（2）滴鼻点眼　滴鼻点眼优点是免疫效果往往比较确实，尤其是对一些预防呼吸道疾病的疫苗。缺点是需要较多的劳力，也会造成一定的应激，如操作上稍有马虎，则往往达不到预期的目的。疫苗稀释必须用蒸馏水、生理盐水或专用稀释液。稀释液的用量应准确，最好根据自己所用的滴管或滴瓶滴试，确定每毫升多少滴，然后再计算疫苗稀释液的实际用量。为了操作准确无误，一手一次只能抓一只鸡，不能一手一次同时抓几只鸡。在滴入疫苗之前，应把鸡的头颈摆成水平的位置（一侧眼鼻向上），并用一只手指按住向地面的一侧鼻孔。在将疫苗液滴加入眼或鼻以后，应稍停片刻，待疫苗液确已被吸入后再将鸡轻轻放回地面。

（3）肌内或皮下注射　肌内或皮下注射适合灭活苗的免疫。肌内或皮下注射免疫接种的剂量准确、效果确实，但耗费劳力较多，应激较大。在操作中应注意：使用连续注射器注射时，应经常核对注射器刻度容量和实际容量之间的误差，以免实际注射量偏差太大。注射器和针头使用前均应蒸煮消毒。皮下注射的部位一般选在颈部背侧皮下，肌内注射部位一般选在胸肌或肩关节附近的肌肉丰满处。针头插入的方向和深度也应适当，在颈部皮下注射时，针头方向应向后向下，与颈部纵轴基本平行。插入深度雏鸡为0.5～1厘米，日龄较大的鸡可为1～2厘米。在注射过程中，应边注射边摇动疫苗瓶，力求疫苗的均匀。免疫应按照先健康群，再是假定健康群，最后病鸡群的顺序。

（4）翼膜刺种　翼膜刺种主要用于鸡痘疫苗的接种，一般每1 000羽份疫苗用25毫升生理盐水，用接种针（或注射器）蘸取疫苗稀释液，在鸡翅膀内侧无血管的翼膜处刺种，小鸡刺1针，大鸡刺2针。做翼膜刺种时，一定要确定接种针已蘸取了疫苗稀释液，使每一只被接种鸡接种到足量的疫苗。

8. 免疫效果的监测

免疫效果可以通过免疫监测的结果来评价。免疫监测一般采用血清学方法，常用的血清学方法有红细胞凝集抑制试验、琼脂扩散试验、中和试验和酶联免疫吸附试验等。抽检禽类的样品数一般以一群（栏、舍）总数的 2% 计，但最少不得少于 30 份。监测时间和次数可根据实际而定，一般首次检测在接种后 14 ~ 21 天，以后每隔 1 ~ 3 个月检测一次。对于免疫后的禽体抗体滴度的要求，养殖场可根据资料及本场情况，确定几种主要传染病的最低抗体要求。对被检样品的抗体滴度，既要看平均滴度，也要看低于最低保护滴度的数量，即使平均滴度比较高，但如有一定比例的被检血清滴度低于临界保护滴度时，仍必须进行嘉庆全群免疫接种。

（四）药物预防

利用特定的药物进行黑凤鸡群体预防特定疾病的发生与流行的一种非特异性方法，在黑凤鸡的饲养中经常应用，也是防制疾病的重要措施。药物对一些肠道疾病、寄生虫病、细菌性传染疾病的预防有明显的效果，并且配制一定的药物添加剂定期按一定比例补给黑凤鸡，还可获得增重和增产的效果。

1. 细菌性疾病预防

鸡白痢、副伤寒、大肠杆菌病等是育雏期间的常见病，一般在 3 ~ 7 日龄时发病，病雏逐渐增多，7 ~ 15 日龄时达到高峰，15 ~ 20 日龄发病数渐趋下降。污染严重的鸡场可参考如下用药程序：1 ~ 5 日龄在饲料中添加土霉素，剂量是每千克饲料 100 毫克。6 ~ 10 日龄时每千克饮水中加青霉素 80 万单位。对于大肠杆菌病和慢性呼吸道病等，可用硫酸链霉素、北里霉素、泰乐加、红霉素、支原净等，均有很好的效果。

2. 球虫病预防

球虫对各种防治药物很容易产生耐药性，并能将耐药性遗传给后代，形成对某些药物的耐药虫株。因此，应选择高效药物，并经常换药或 2 种以上药物使用。

3. 应激预防

黑凤鸡尚存野性，应激综合症在黑凤鸡养殖中时有发生，严重影响黑凤鸡的生长发育与产蛋。在正常饲养管理中，有的操作程序也会引起应激反应。对此可以投喂适当的药物进行预防。在进行相关操作前2天在饲料中增加2~3倍用量的多维素，热应激时在饲料中添加一定量的维生素C等，有预防和缓解应激反应的作用。

五、治疗用药

(一) 投药途径

1. 饲料投药

饲料若是粉料，采用倍比稀释法进行拌料。先用等量的饲料与药物混匀，再用等量的饲料与已加入的药物的饲料搅拌均匀，经过至少6次以上的倍比稀释，保证药物在饲料中均匀分布，以免个别黑凤鸡采食过多而中毒。饲料若是颗粒饲料，兽药是水溶性的药物，饮水投药有困难时，可以用一定量的水溶解药后，用喷雾器喷洒在颗粒饲料表面上，以保证所有黑凤鸡吃到药物。

2. 饮水投药

饮水投药即把药物溶解于饮用水中，让黑凤鸡在喝水时达到防治效果。尤其是在黑凤鸡群发病后食欲降低而饮水正常的情况下较为适用。须注意下列事项：用药前停止饮水2~3小时，以保证所有黑凤鸡都能饮到含有药物的水。夏天停止饮水0.5~1小时，冬季停止饮水2~3小时。

3. 气雾给药

气雾给药指使用能将药物气雾化的器械，将药物弥散鸡舍空间中，让黑凤鸡通过呼吸作用于皮肤黏膜的一种给药方法。应用气雾给药时准确掌握气雾用药的剂量，不能套用饮水或拌料药的剂量，而是依据鸡舍空间大小准确计算剂量。常用于气雾给药的有链霉素、卡拉霉素、庆大霉素、红霉素、新霉素等治疗鸡慢性呼吸道病的药物。

4. 注射用药

注射用药是指把药物注射器注射到胸部肌内、皮下，具有疗效高、用量少的优点。适合于一些急性败血性疾病的紧急治疗，如鸡葡萄球菌病、大肠杆菌病。也用于小群隔离饲养的病鸡和弱鸡进行单独治疗。有些药经饮水口服，不易吸收或不吸收，有的药物血药浓度低，只有通过注射才能达到有效的治疗效果，如链霉素、卡拉霉素、庆大霉素。注射部位以颈部皮下注射效果最好，其次是胸部肌内，再次是腿部肌内注射。尤其是胸部肌内注射时一定要将针头平行于胸肌，角度过大会刺伤肝脏，造成黑凤鸡肝破裂而死亡。

（二）联合用药

联合用药是指鸡群出现混合感染时，需要用两种或两种以上的药物同时治疗，以达到增强抗菌消炎和抵抗疾病能力的目的。如慢性呼吸道病继发大肠杆菌病的治疗。对于单一用药易产生抗药性的药物，联合用药可减少这种可能。如抗球虫类药物氨丙啉＋乙氧酰胺苯甲酯、磺胺二甲氧嘧啶＋三甲氧甲苯胺嘧啶、那拉霉素＋乙卡巴嗪。两种药物配合使用能增强抗菌活性，降低药物的毒性作用。如磺胺类药物和磺胺增效剂联合使用，能降低磺胺类药的剂量，同时防止耐药性的产生。

（三）口服补液盐的应用

家禽体重的70%～80%是由水分组成，多种疾病会出现电解质和水的代谢紊乱，造成组织脱水和酸碱平衡失调最终导致死亡。口服补液盐可及时补充失去的体液、电解质，以恢复机体正常的循环容量，维持恒定的电解质和酸碱平衡，从而达到纠正中毒和脱水的作用。此外，口服补液盐还可直接或间接地对机体内各内脏器官的新陈代谢、免疫过程、酶、激素和神经调节等产生影响，增强机体的抵抗力，促进疾病的恢复。因此，在疾病发生以后，除对症治疗外，补水补盐也是一个很重要的措施。

（1）配方　氯化钠3.5克，氯化钾3.5克，碳酸氢钠2.5克，葡萄糖200克。将上述药品溶于1 000毫升蒸馏水中，即为口服补液盐。

（2）应用方法　任其自饮，可不限量；对不能自饮者，可采

用人工灌服的方法，逐只灌服，每次每只 10~15 毫升，每天 3~4
次。轻度和中度脱水者，连用 3~5 天，重度脱水者可连用 5~7
天。当然，在应用口服补液盐同时，必须采用其他相应措施，如加
入抗生素或维生素等。

但是，药物添加剂特别是抗生素类添加剂，如果长期饲喂，一
方面，可使鸡产品中出现药物残留的问题；另一方面，长期使用容
易产生耐药性菌株或虫株，并且这种耐药菌株还可遗传，不但影响
对疾病的治疗效果，还会危害人类的健康。所以，现代的饲养观念
是不提倡使用抗生素类药物添加剂，可使用一些中草药、生物添加
剂等。

为了使用药规范化，必须对黑凤鸡群的用药情况进行详细的记
录，其记录表可参考表 9-3 和表 9-4。

表 9-3　黑凤鸡群使用药物档案记录

项目	结果
兽医意见	
鸡群情况	
疾病分析	
用药目的	
药物名称	
总用药量	
疗程	
起止时间	
只次用量	
投药方法	
天数	

兽医意见　　　　　　拟办时间
领导意见

签字　　　年　　月　　日

表9-4　黑凤鸡用药发放情况表

项目	结果	项目	结果
药品名称		发出时间	
制造厂		发出总数	
批号		发药人签字	
包装剂型		接收人签字	
包装剂量		发病用药情况	
有效期		备注	

六、封锁

封锁是指当某地或养殖场暴发法定一类传染病和外来传染病时，为了防止传染病扩散以及安全区健康禽类的误入而对疫区或其禽类群体采取划区隔离、扑杀、销毁、消毒和紧急免疫接种等强制性措施。封锁区的划分，必须根据该禽类传染病的流行规律、当时的流行情况和当地的条件，按"早、快、严、小"的原则进行。"早"是早封锁，"快"是动作果断迅速，"严"是严密封锁，"小"是把疫区尽量控制在最小范围内。封锁是针对传染源、传播途径、易感禽类群体3个环节采取的措施。应严格按照我国有关兽医法规处理。

当疫区内（包括疫点）最后一头病黑凤鸡扑杀或痊愈后，经过该病一个潜伏期以上的检测、观察、未再出现病黑凤鸡时，经彻底消毒清扫，由县级以上农牧部门检疫合格，经原发布封锁令的政府发布解除封锁令后，并通报毗邻地区和有关部门，解除封锁。

七、消毒

消毒是指通过物理、化学或生物学方法杀灭或清除环境中病原体的技术或措施，可分为物理消毒、化学消毒和生物消毒3种。

（一）物理消毒法

物理消毒法是指通过机械性清扫、冲洗、通风换气、高温、干燥、照射等物理方法对环境和物品中病原体的清除或杀灭。

1. 机械性清除

机械性清除主要是通过清扫、洗刷、通风、过滤等机械方法消除病原体。本法是一种普通而又常用的方法，但不能达到彻底消毒的目的，作为一种辅助方法，须与其他消毒方法配合进行。

2. 日光、紫外线消毒

日光消毒是利用阳光光谱中的紫外线、热线及其他射线进行消毒的一种常用的方法。本法对于草地、运动场、饲养用具及环境等的消毒很有实际意义。在实际工作中常采用紫外线进行空气消毒，消毒时灯管与污染物体表面的距离不得超过1.5米。

3. 焚烧

焚烧是一种简单易行可靠的消毒方法。常在发生烈性禽类传染病，如炭疽、气肿疽时，对病禽尸体及其污染的垫草、草料等进行焚烧，对圈舍墙壁、地面可用喷灯进行喷火消毒。金属制品可用火焰烧灼和烘烤进行消毒。

4. 干热消毒法

干热消毒法包括火焰烧灼灭菌法和烘烤灭菌法。当病原体抵抗力较强时，可通过火焰发射器对粪便、场地、墙壁、笼具、其他废弃物品进行烧灼灭菌，或将禽类的尸体以及传染源污染的饲料、垫草、垃圾等进行焚烧处理。全进全出制禽类圈舍中的地面、墙壁、金属制品也可用火焰烧灼灭菌。

烘烤灭菌也称热空气灭菌法，该法主要用于干燥的玻璃器皿，如烧杯、试管、培养皿、玻璃注射器等灭菌。灭菌时，将带灭菌物品放入烘烤箱内，使温度逐渐上升到160℃维持2小时，可杀死全部细菌及其芽孢。

5. 湿热灭菌法

湿热灭菌法包括煮沸消毒、高压蒸汽消毒和间歇汽消毒等。

（1）煮沸消毒 是日常最为常用而且效果确实的消毒方法。一般病原菌的繁殖型在60～70℃经30～60分钟或100℃的沸水中5分钟即可死亡。多数芽孢在煮沸15～30分钟内即可死亡，煮沸

1~2 小时可以消灭所有的病原体。常用于耐煮的金属器械、木质和玻璃器具、工作服等的消毒。在煮沸金属器械和玻璃器械时，可加 1%~3% 苏打或 0.5% 肥皂等碱性物质，以提高沸点，增强杀菌效果。塑料、皮革制品易变形，不能煮沸消毒。

（2）高压蒸汽消毒　相对湿度 80%~100% 的热空气消毒。能携带许多能量，遇到消毒物品时凝集成水，并放出大量热能，从而达到消毒，其消毒好。农村可用蒸笼进行。在实验室主要利用高压蒸汽消毒，通常在 121℃ 维持 30 分钟，就可杀死细菌和芽孢。此外，病死禽类化制站也利用高压蒸汽消毒。

（3）间歇蒸汽消毒法　由于在 100℃ 时维持 30 分钟可以杀死污染物品中细菌的繁殖体，因而将消毒后的物品置于室温下过夜，使其中的细菌芽孢和霉菌孢子萌发，第 2 天和第 3 天再用同样的方法进行处理和消毒，便可杀灭全部的细菌、真菌及其芽孢和孢子。此法常用于易被高温破坏物品如鸡蛋、血清和各种糖类等培养基的灭菌。

（二）化学消毒法

常用化学药品的溶液或蒸汽进行消毒。选用消毒药应考虑杀菌谱广，有效浓度低，作用快，效果好；对人禽无害；性质稳定，易溶于水，不易受有机物和其他理化因素影响；使用方便，价廉，易于推广；无味，无臭，不损坏被消毒物品；使用后残留量少或副作用小等。临床实践中常用的消毒药物有以下几种：

1. 苛性钠

化学成分为氢氧化钠，它对各种病原体都有较强的杀灭作用，消毒效果比较好，价格也不贵，但它是强碱，对金属制品有腐蚀作性，对动物皮肤、黏膜有损害。多用于水泥地面、木制器具、陶瓷和玻璃制品等的消毒，注意消毒后用清水清洗，常用氢氧化钠浓度为 2%~4%。

2. 漂白粉

漂白粉主要成分为次氯酸钙，消毒原理是它遇水后产生氧原子和氯原子，通过氧化和氯化作用达到杀菌的目的。漂白粉的消毒效果与有效氯含量有关，一般要求氯含量达到 25% ~ 36%，常用 10% ~ 20% 的漂白粉溶液，多用于房舍、场地、水沟、粪池等地的消毒。

3. 福尔马林

福尔马林是含 37% ~ 40% 甲醛的溶液，杀菌力特强，常用 2% ~ 4% 的福尔马林水溶液消毒房舍、墙壁、喂饲和饮水用具；如果要对舍内空气消毒，可用甲醛熏蒸消毒，用量为每平方米空间 7 毫升甲醛液、2.5 克高锰酸钾置于陶瓷容器内，让其发生化学反应，在密封下进行消毒，这种消毒方法对霉菌非常有效。

4. 新洁尔灭

新洁尔灭为溴苄胺烷，对细菌、病毒有极强的杀灭力，常用 0.15% ~ 0.2% 溶液喷雾消毒。

5. 高锰酸钾

可用 0.1% 高锰酸钾水溶液定期给黑凤鸡饮水，用于消化道消毒。

6. 来苏尔

来苏尔是一种常用而有效的消毒药，多用于环境、鸡舍、用具等的消毒，但有刺激性气味，常用浓度为 2% ~ 5%，喷洒、浸泡均可。

（三）生物消毒法

在兽医防疫实践中，常用该法将被污染的粪便堆积发酵，利用嗜热细菌繁殖时产生高达 70% 以上的热量，经过 1 ~ 2 个月将病毒、细菌（芽孢除外）等病原体杀死，既达到消毒的目的，又保持了肥效。但本法不适用于炭疽、气肿疽等芽孢菌引起的禽类传染病，这类禽类传染病的粪便应焚烧或深埋。

（四）杀虫与灭鼠

主要是消灭虻、蝇、蚊、蜱等节肢动物、鼠类和螺、蚂蚁、蚯蚓等中间宿主，它们是多种禽类疫病的传播媒介，也成为传染源。同时还要杀灭寄生虫排放到外界环境中的虫卵、幼虫及卵囊。

1. 杀虫方法

（1）物理杀虫法　机械性的拍打捕捉、火焰烧杀、沸水或蒸汽热杀等。

（2）药物杀虫法　用化学杀虫剂杀灭。作用方法是胃毒药剂、接触毒药剂、熏蒸毒药剂和内吸毒药剂等。如有机磷类的辛硫磷等；拟除虫菊酯类的安菊酯等；昆虫生长调节剂如保幼激素、发育抑制剂等、驱避剂如邻苯二甲酸二甲酯、避蚊胺等。

（3）生物杀虫法　杀灭寄生虫虫卵的有效方法是粪便生物热发酵，即把粪便集中在固定场所，经 10 ~ 20 天发酵后，粪内温度可达到 60 ~ 70℃，几乎可以完全杀死其中的虫卵、幼虫或卵囊。另外，可以昆虫的天敌和病菌及雄虫绝育技术等方法杀灭昆虫。如养柳条鱼灭蚊；用辐射使雄虫绝育；或使用过量的激素，抑制昆虫的变态和蜕皮；或利用病原微生物感染昆虫使其死亡。这些方法具有无公害、不产生耐药性的优点，已日益受到重视。另外，改造昆虫滋生的环境以减少滋生等，也是杀虫的方法。

2. 灭鼠

鼠类是许多人禽共患病的传播媒介和传染源，它们可以传播的禽类传染病有炭疽、布鲁氏菌病、结核病、李氏杆菌病、钩端螺旋体病、巴氏杆菌病和立克次氏体病等。

灭鼠应从两个方面进行，一方面根据鼠类的生态学特点防鼠、灭鼠，从禽类栏舍建筑和卫生措施上防止鼠类的滋生和活动；另一方面，采取各种方法直接杀灭鼠类。直接杀灭鼠类的方法大体上可分为两类。

（1）器械灭鼠　用各种工具以不同方式扑灭鼠类，如关、夹、压、扣、套、翻、堵、挖灌等。

（2）药物灭鼠　根据毒物进入途径可分为消化道药物和熏蒸药物两类。消化道药物主要有磷化锌、杀鼠灵、安妥、敌鼠钠盐和氟乙酸钠等。熏蒸药物有三氯硝基甲烷和灭鼠烟剂。

第二节　黑凤鸡疾病诊断技术

　　黑凤鸡疾病诊断有以下几种方法，在实践中可根据具体情况采取不同的诊断方法。

一、流行病学调查

　　黑凤鸡疾病的流行病学调查是疾病诊断与防治的基础，在集约化养殖过程中尤为重要，流行病学调查的内容十分广泛，原则上凡是与疾病发生发展相关的自然条件和社会因素都在调查范围内，像与发病黑凤鸡有关的地理区域、生态植被、其他生物的活动情况、环境、疫源、饲料及管理等。

　　其调查方法有广泛询问和现场调查。询问对象可是饲养人员、兽医等，通过他们了解发病区域的自然环境状况、疫病情况、饲料来源和加工配制过程、引种情况、动物的出入情况、相关传染病的免疫接种、寄生虫病的驱虫情况、疾病的发生、发展情况等；现场调查到发病现场进行实地调查、评估，作出流行病学诊断。流行病学诊断属印象诊断范畴，只是根据流行病学调查、了解、分析和评估作出诊断结论可能有 1 个或 2 个以上，不能算确诊。只能算大致确定了疾病的类型，如果诊断为中毒病，还要做进一步的实验室检查、分析；如果诊断为传染病，还要送实验室分离鉴定及血清学检查确定。但是流行病学诊断却可作为临床诊断、病理剖检诊断和病原学检查的依据和佐证。

二、临床观察检查

　　临床观察检查往往与流行病学调查同时进行，且两者密切相关，因为有些传染病的临床表现十分相似，但是它们的流行规律和特点却有所不同，实践中诊断时要以流行病学诊断为基础。黑凤鸡疾病的临床观察内容包括以下几个方面。

（一）精神状态

健康的黑凤鸡对外界的任何声响都特别敏感，活波好动，一旦受到惊吓，立刻飞翔跳跃乃至逃跑。观察黑凤鸡群，如果出现反应迟钝、不活泼，甚至出现嗜睡状态，或者卧伏不动则说明该鸡已经生病，是一种病态。

（二）行为习惯

健康的黑凤鸡羽毛鲜艳光彩、光滑、漂亮，姿势优美，采食、饮水、活动自如，喜欢跳跃飞翔，步态稳健。如果黑凤鸡出现反应迟钝、卧伏不动，羽毛粗糙无光泽则属病态。

（三）眼、鼻、喙状态

健康的黑凤鸡眼干净、明亮有神、机警；鼻孔干净、湿润；喙干净光亮。如果发现某黑凤鸡眼睑下垂、流泪、流分泌物，鼻孔周围和嘴角有分泌物等均属病态。

（四）嗉囊

健康的黑凤鸡进食数小时后饲料便下移，嗉囊较进食时变小。如果黑凤鸡出现进食很久嗉囊仍膨满、触摸有胀感、硬感或波动感，则表明有病。

（五）体温、脉搏和呼吸

正常的黑凤鸡体温为41℃，测量时将体温计插入肛门内2~3厘米，保留2~3分钟即可。临床上可以根据体温变化来确定疾病的性质、程度和预后，一般来说，体温超过正常生理范围并伴有热症出现，则说明发热；体温低于正常温度范围的这种情况比较少见，如果比正常体温低1.5~2.0℃，则为险兆，要及时抢救。

正常黑凤鸡的脉搏数为 150～200 次/分，检测多在翅内侧进行，以每分钟动脉搏动次数计算。如果脉搏数增加，多见于热性病和心力衰竭；脉搏数减少，常见于脑病及中毒病。

黑凤鸡正常的呼吸数为 15～30 次/分，并且呼吸有节律不发声，且闭着嘴巴。如果出现黑凤鸡的呼吸次数增加，则表明发生热性病变、呼吸器官疾病等；患脑部疾病时常出现呼吸数减少。

三、病理解剖检查

如果能在流行病学调查及临床观察检查的基础上进行病理剖检，更易于对疾病进行确切的诊断。

（一）常见的病理学变化

1. 充血

局部组织呈红色，细小动脉内血量增多，压迫血管部红色消退。

2. 出血

局部组织血管破裂或微血管渗透性改变，血液流出血管而进入周围组织，手压出血区红色不消退。出血类型有点状出血、条状出血、斑点状出血和弥漫性出血等。

3. 肿大

器官组织超过正常者称为肿大，实质器官肿大时边缘钝厚，切开时切口不闭合。

4. 水肿

组织内组织液增加，肿胀、松软，手压迫后能回复肿胀，切开流出多量液体或切面呈胶冻样。

5. 萎缩

器官组织较正常的小，呈萎缩状，其功能也减退。

6. 坏死

局部组织细胞发生死亡，变色。

7. 贫血

全身或局部组织中的血液或血液中的红细胞减少，通常组织呈苍白色。

8. 溃疡

器官组织发生坏死后进而溶解，局部呈现溃烂状。

（二）剖检程序

1. 体表检查

检查死尸的变化，看天然孔如口、鼻、眼、耳、肛门的变化，外被如羽毛、皮肤等的变化。

2. 剖检

尸体先用水或消毒溶液浸湿后背卧位固定，然后自肛门前沿腹中线剪开至颈部，并打开体腔，如拟采取病料，则以无菌操作采取，随之将内脏全部摘出。

3. 体腔与内脏器官检查

包括体腔、浆膜、心脏、嗉囊、肺、肝、脾、肾、睾丸、卵巢、泄殖腔、胃、肠、腺体、脑、肌肉等的检查。

（三）实验室检查

实验室检查包括病原学检查、免疫学检查和病理组织学检查，通常对一些传染病、寄生虫病可作出诊断。

1. 病料采取与送检

（1）病料采取的基本原则　要根据流行病学、临床初步诊断的结果采取相应的部位的病料，或选择典型的病死黑凤鸡送检。对于怀疑为传染病的病料（或整体）送检，应选择在流行的初期或中期未经过任何治疗的典型病例送检。如果整个送检，那么病料应该是濒死或迫杀或者死亡不超过两小时的病例。

（2）病料的采取与送检　病料采取的全过程应保持无菌操作，全部器械均应消毒灭菌。其中病原学检验病料应先于剖检采取，在无菌下采取后置于灭菌容器中，经严密包扎后置2～8℃冰瓶中，在 20～24 小时内送检。病理组织学检验病料应根据剖检检查病变情况采取，置于固定液（10% 甲醛溶液或 95% 酒精）中固定 24 小时，再换液一次后包扎送检。免疫学检验病料主要取组织和血清，组织要防止被污染，血清要避免溶血，包扎后置 2～8℃ 冰瓶中送检。

2. 微生物学检查

（1）涂片镜检　血液、渗出液和脓汁等可制成涂片，器官组织病料可制成抹片或触片，染色后即可镜检，也可制成悬滴标本直接在镜下观察运动型或孢子，以检查螺旋体或真菌等。

（2）分离培养　细菌、真菌和螺旋体等都可在适当的培养基上生长，根据菌落、形态、生化特性和动物接种进行分离鉴定，病毒可用鸡胚、细胞或动物接种进行分离鉴定。

3. 免疫学检查

主要包括血清学、变态反应两类。血清学主要检查血清抗体及病料组织中的抗原情况；而变态反应主要对黑凤鸡进行特异性致敏性疾病检查。

4. 病理组织学检查

一般先将固定的病料组织作石蜡包埋、切片、染色后进行镜检，根据组织细胞的充血、出血、炎性、坏死和包涵体等变化作出诊断。

第三节　黑凤鸡常见疾病的防治

一、黑凤鸡常见细菌病的防治

（一）黑凤鸡大肠杆菌病

大肠杆菌病在近十多年已经成为黑凤鸡的一种常见细菌性传染

病。从发病情况看，不同日龄的黑凤鸡都可感染该病。其中以幼雏和中雏发生较多，发病较早的为4~10日龄，通常以1月龄前后的雏鸡发病较多。主要传染源是病鸡和带菌鸡。本病主要经消化道、呼吸道、经蛋及交配传播。当环境卫生和饲养管理不良、气候变化或鸡群存在传染性法氏囊病、包涵体肝炎时，易引起本病的大群暴发。

1. 临床症状

由致病性大肠杆菌引起的疾病在临诊上的表现极其多样化，以下2种较为多见。

（1）急性败血型 病鸡不显症状而突然死亡或症状不明显。部分病鸡离群呆立，或挤堆，羽毛松乱，食欲减退或废绝，排黄白色稀粪，肛门周围羽毛污染。发病率和死亡率都较高，这是目前危害最大的一个病型。

（2）卵黄性腹膜炎 又称"蛋子瘟"，多见于产蛋中后期。病鸡的输卵管常因感染大肠杆菌而产生炎症，炎症产物使输卵管伞部粘连，漏斗部的喇叭口在排卵时不能打开，卵泡因此不能进入输卵管而跌入腹腔而引发本病。而且由此引起的腹膜炎产生的大量毒素可引起发病母鸡死亡，给鸡场造成中毒经济损失。

2. 剖检变化

（1）急性败血型 特征性病变是纤维素性浆膜炎，心包膜浑浊增厚，附着多量绒毛状脓样渗出物。气囊浑浊增厚，有干酪样物附着。常见肝被膜炎，肝脏肿胀，肝被膜白浊增厚且有纤维素性附着物，有时有白色坏死斑。急性死亡的鸡有肌肉褪色的情况，在胸肌可见鱼肉样肌肉。多发性纤维素性浆膜炎还宜在腺胃、小肠、肠系膜等部位发生。

（2）卵黄性腹膜炎 病母鸡外观腹部膨胀、重坠，剖检可见腹腔积有大量卵黄，输卵管膨大，管内有条索状干酪样物，干酪样物中有许多坏死组织。腹腔液增多、浑浊，腹膜有灰白色渗出物。肠道或脏器间相互粘连。

3. 诊断

本病缺乏特征性症状，根据临床有呼吸、下痢症状，有的病鸡急性死亡，剖检有纤维素性浆膜炎作出初步诊断。确诊则依靠实验室检验，常用的有病原分离鉴定、染色镜检、生化试验、致病性试验等。

本病常与其他疾病并发，同时支原体、葡萄球菌、链球菌、沙门氏菌等也可引起关节炎，巴氏杆菌、葡萄球菌及链球菌等也可引起急性败血症，应注意鉴别。

4. 防治

大肠杆菌是环境性疾病，搞好环境卫生，加强饲养管理是预防本病的关键措施。特别要注意下列几个方面：检查水源有否被大肠杆菌污染，如有则应彻底更换；注意育雏期保温及饲养密度；禽舍及用具经常清洁和消毒；种鸡场应及时集蛋，每天收蛋 4 次，脏蛋应用清洁细沙擦拭。

一般认为使用菌苗预防是经济、有效和安全的方法，但应在对当地或养殖场内致病性大肠杆菌血清型监测的基础上，选择合适的疫苗进行免疫。

选用抗生素、磺胺类药物及时治疗。为了防止耐药菌株的存在和出现，应以药敏试验结果选择药物。一般用四环素族药物按 0.02% ~ 0.06% 拌料，连喂 3 ~ 4 天；敌菌净按 0.02% 饮水。病鸡可直接注射庆大霉素 5 000 国际单位/羽，卡那霉素 3 000 国际单位/羽饮水或注射，每日 2 次，连用 3 天。也可用链霉素、壮观霉素等。

（二）黑凤鸡沙门氏菌病

黑凤鸡沙门氏菌病是由沙门氏菌属中的一种或多种沙门氏菌引起的急性或慢性传染病。在临床上主要有 2 种临床病型：白痢病和副伤寒，均为重要的蛋传染性疾病。

1. 临床症状

（1）黑凤鸡白痢病　本病在雏鸡和成年鸡中临床表现有明显

差异。出壳后感染的雏鸡，7～10日龄开始出现症状，到2～3周时达到高峰。病雏呈最急性者无任何症状而突然死亡。畸形者出现精神委顿，不愿走动，拥挤在一起，食欲减少或停食，之后下痢，排白色糊状稀粪，因粪便干结封住肛门而影响排便，另外由于肛门周围发炎常引起疼痛性尖叫，最后因呼吸困难和心衰而死亡。有的出现失明，有的因关节炎呈跛行。耐过的雏鸡发育不良，成为隐性感染鸡。成年鸡无临阵表现，只是产蛋量和受精率降低，极少数鸡发生腹泻，有的发生卵黄性腹膜炎，出现"垂腹"现象。

（2）黑凤鸡伤寒病　雏禽的症状与鸡白痢相似，在出壳后2周内发病，6～10天时达到高峰，呈地方流行性。表现为精神委顿，闭眼，嗜睡，翅膀下垂，拒食，饮水增加，下痢，肛门周围污染粪便。经带菌蛋感染或在孵化器内感染本菌者常呈败血经过，往往无任何症状突然死亡。中雏主要表现水样腹泻，很少死亡。成年禽一般无症状，呈隐性感染，成为带菌者。

2. 剖检变化

（1）黑凤鸡白痢病　急性死亡的病雏变化不明显。病程稍长者，在心肌、肺、盲肠、大肠及肌胃中有灰白色坏死灶或结节。盲肠中有干酪样物堵塞肠腔，有时混有血液。胆囊肿大，输尿管因充满尿酸盐而扩张，常有腹膜炎。稍大的病雏肺有灰黄色结节和灰色肝变，肝明显肿大，可达正常的2～3倍，呈暗红色至深紫色，其表面有小红点或大小不等的坏死结节，质地极脆，易内出血，故常见腹腔内有大量血水和血凝块。成年母鸡卵泡变形、变色、呈囊状，有腹膜炎，引起广泛的腹腔脏器粘连，常有心包炎。

（2）黑凤鸡副伤寒病　最急性死亡的雏鸡无可见病理变化。急性者肝、脾充血，有条纹状或点状出血和坏死灶，肺和肾出血，心包有心包炎，常有出血性肠炎。成年鸡肝、脾、肾充血肿胀，肠有出血性坏死性肠炎，还有心包炎和肠腹炎。产蛋鸡输卵管坏死、增生，卵巢坏死、化脓。

3. 诊断

根据流行病学、症状和病理变化，特别是肝的坏死灶可作出初

黑凤鸡高效养殖技术

步诊断，但确诊还需做病原分离和鉴定。

（1）病原学检查　病原分离常取肝、心血、肺、卵黄囊、肠和胆汁等病料制成乳剂，取上清液或液体样品接种普通琼脂培养基或麦康凯琼脂培养基，培养24小时后可见细小、透明、圆形和光滑的菌落，培养基不变色，也可用含有亚硫酸钠的琼脂培养基进行分离培养。

（2）血清学反应　全血玻板快速凝集反应是最常用的方法。

4. 防治

（1）预防　防治禽沙门氏菌病的原则是杜绝病原菌的传入，清除群内带菌鸡，同时严格执行卫生、消毒和隔离制度。第一，通过严格的卫生检疫和检验措施，防止饲料、饮水和环境污染。第二，健康鸡群应定期通过全血平板凝集反应进行全面检疫，淘汰阳性鸡和可疑鸡，建立健康种鸡群。第三，坚持种蛋孵化前的消毒工作，杀灭环境中的病原菌。第四，加强禽群的饲养管理，保持育雏室、养禽舍及运动场的清洁、干燥，加强日常的消毒工作。

（2）治疗　使用药物治疗时应注意耐药性菌株的出现，最好使用经药敏试验对本病原菌敏感的药物。磺胺类药物可选用磺胺嘧啶、磺胺甲基嘧啶和磺胺二甲基嘧啶，抗菌素选用土霉素、四环素、庆大霉素、卡那霉素，喹诺酮类可用诺氟沙星，拌入饲料中喂服或加入饮水中饮用。近年来，国内使用活菌制剂预防雏鸡白痢，均取得了较好的效果。

（三）黑凤鸡巴氏杆菌病

黑凤鸡巴氏杆菌病又名出血性败血症、禽霍乱，是由多杀性巴氏杆菌引起多种禽类发病的一种传染病。该病的特征是急性者表现为败血症和炎性出血等变化，慢性者则表现为皮下、关节以及各种脏器的局灶性化脓性炎症。本病分布于世界各地。

1. 临床症状

本病自然感染潜伏期为2~9天，根据病程长短，一般分为最急性、急性和慢性3种。

· 208 ·

（1）急性型　最急性者见于流行初期，尤其是高产母禽和营养状况良好者常无明显症状，突然倒地，双翼扑动几下就死亡。大多数病例为急性经过，主要表现为体温升高到 43~44℃，精神委顿，羽毛松乱，缩颈闭眼，翅膀下垂，不愿运动，离群呆立。呼吸困难，鼻和口中流出混有泡沫的黏液，冠髯发绀呈蓝紫色。常有剧烈腹泻，粪便灰黄色或绿色，泄殖腔周围羽毛污秽。肉髯水肿、发热和疼痛。发病禽群产蛋量减少或停止，最后衰竭而死，病程 1~3 天。

（2）慢性型　多发于流行后期或由急性病例转来，由毒力较弱的菌株引起。病鸡精神不振，食欲减退；冠和肉髯肿胀、苍白，随后干酪样化，甚至坏死脱落；关节肿胀、跛行，并有慢性肺炎和胃肠炎症状。病程可达 1 个月以上，生长发育和产蛋长期不能恢复。

2. 剖检变化

（1）急性型　一般可见皮下组织、腹部脂肪和肠系膜常见大小不等出血点。心包变厚，心包积有淡黄色液体并混有纤维素。心外膜、心冠脂肪有出血点。肝脏病理变化具有特征性，表现为肿大、质脆，呈棕红色、棕黄色或紫红色，表面广泛分布针尖大小、灰白色或灰黄色、边缘整齐、大小一致的坏死点。肠道尤其是十二指肠黏膜红肿，呈暗红色，有弥漫性出血或溃疡，肠内容物含有血液。

（2）慢性型　可见鼻腔、气管、支气管有多量黏性分泌物。肺质地变硬。肉髯肿大，内有干酪样渗出物。关节肿大、变形，有炎性渗出物和干酪样坏死。产蛋母鸡还可见到卵巢出血，卵黄破裂，腹腔内脏表面上附有卵黄样物质。

3. 诊断

根据流行病学特点、临床症状和病理剖检变化作出初步诊断，但确诊需要通过实验室方法进行。病料涂片镜检可采取急性病例的心、肝、脾或体腔渗出物以及其他病型的病变部位、渗出物、脓汁等作病料涂片，经瑞氏或姬姆萨染色镜检，可见两极染色的卵圆形杆菌。

4. 防治

平时的预防措施主要应包括加强饲养管理，注意通风换气和防暑防寒，避免过度拥挤，减少或消除降低机体抗病能力的因素，并定期进行禽舍及运动场消毒，杀灭环境中可能存在的病原体。坚持全进全出的饲养制度。每年定期预防接种禽霍乱氢氧化甲醛菌苗或禽霍乱弱毒菌苗。

常用的治疗药物有青霉素、链霉素、磺胺类、四环素类等多种抗菌药物，也可选用高免或康复动物的抗血清。周围的假定健康动物应及时进行紧急预防接种或药物预防，但应注意弱毒菌苗紧急预防接种时，被接种动物接种前后至少1周内不得使用抗菌药物。

（四）黑凤鸡传染性鼻炎

黑凤鸡传染性鼻炎是由副鸡嗜血杆菌引起的一种鸡的急性上呼吸道传染病，主要特征是流鼻涕、打喷嚏、面部肿胀、结膜发炎、鼻腔和窦腔黏膜发炎，产蛋量下降。本病主要侵害育成鸡和产蛋鸡，严重影响鸡群生长发育和产蛋量，常造成严重的经济损失。

1. 临床症状

本病的潜伏期较短，只有1~3天，因此在鸡群中传播很快，几天之内可席卷全群。病鸡明显的变化是颜面肿胀、肉垂水肿，鼻腔有浆液性或黏液性分泌物。其次可见结膜炎和窦炎。病初眼结膜发红、肿胀、流泪、眼睑水肿、打喷嚏、流浆液性鼻涕，后转为黏液性。鸡群中不时发出快而短促的"库、库"声。由于炎性分泌物的不断增加和积蓄，病鸡眶下窦鼻窦肿胀、隆起，上下眼睑粘连，闭合。病情严重或炎症蔓延至下呼吸道时，可见病鸡摇头、张口呼吸、有呼吸道啰音。未开产鸡表现发育不良，开产鸡群产蛋量明显下降（10%~40%），产蛋下降程度与发病后采取的治疗措施有关。病程一般1~2周，若无继发感染则很少引起死亡。若继发感染其他病，则病情加重，病程延长，死亡增多。

2. 剖检变化

主要病理变化在鼻腔、鼻窦和眼睛。鼻腔、鼻窦黏膜有急性卡他性炎症，黏膜充血肿胀，被覆有黏液。病程较长者鼻腔、鼻窦内有鲜亮、淡黄色干酪样物。结膜充血肿胀，眼睑及脸部水肿，结膜囊内可见干酪样分泌物。有些急性病例可见口腔、喉头或气管有浆液或黏液性分泌物，另外可见气囊炎、肺炎和卵泡萎缩变性、坏死。当有支原体继发或合并感染时，上述病变更明显。

3. 诊断

单纯感染本病时，根据其流行特点和临床症状，不难作出初步诊断，若要确诊或有混合感染和继发感染时则要进行实验室诊断。

4. 防治

为预防本病，平时应注意加强饲养管理，搞好卫生消毒，包括带鸡消毒。防止鸡群密度过大，不同年龄的鸡应隔离饲养。季节变化时，应防止寒冷和潮湿，防止维生素 A 缺乏。免疫接种目前主要使用灭活菌苗，国内预防鸡传染性鼻炎以 A 型单价灭活苗为主，但鉴于我国也存在由 C 型菌引起的感染，为了能全面、更有效地预防和控制本病的发生和流行，已有学者开展了 A、C 二价疫苗的研究。常规的免疫程序为 4~6 周龄时皮下注射 0.3 毫升，开产前 1 个月皮下注射 0.5 毫升加强免疫，保护期可达 9 个月以上。

多种抗生素和磺胺类药物都可用于治疗本病，但应注意本细菌易产生耐药性，治疗中断后容易复发。常用药物包括磺胺二甲基嘧啶，也可用壮观霉素、泰乐菌素、红霉素、恩诺沙星等，一般一个疗程 5~7 天，连用 2~3 个疗程。同时还应做好隔离、消毒工作，以尽快控制疫情。

二、黑凤鸡常见支原体和真菌病的防治

（一）黑凤鸡毒支原体感染

黑凤鸡毒支原体感染又称鸡败血支原体感染或慢性呼吸道病，

是由禽毒支原体引起的鸡的慢性呼吸道病。临床上以上呼吸道症状为主，其主要特征为咳嗽、流鼻液、呼吸道啰音，严重时呼吸困难和张口呼吸。疾病发展缓慢，病程长，成年鸡多为隐性感染，可在鸡群长期存在和蔓延。本病分布于世界各国，是危害养鸡业的重要传染病之一。

1. 临床症状

幼龄鸡发病，症状比较典型，表现为浆液或浆液黏液性鼻液，鼻孔堵塞、频频摇头、喷嚏、咳嗽，还可见有窦炎、结膜炎和气囊炎。当炎症蔓延至下呼吸道时，喘气和咳嗽更为显著，并有呼吸啰音。病鸡食欲不振，生长停滞。后期因鼻腔和眶下窦中蓄积渗出物而引起眼睑肿胀。病鸡的发育受到不同程度的抑制。肉用鸡由于生长发育缓慢或停顿、逐渐消瘦而等级下降，经济损失显著。成年母鸡产蛋量下降并维持在较低水平上，受精率和孵化率下降，死胚和弱胚增多，且弱雏的气囊炎发生率高。成年鸡很少死亡，幼鸡如无并发症，病死率也较低。产蛋鸡感染后，如继发大肠杆菌，还出现厌食和腹泻，死淘率增高。

2. 剖检变化

剖检变化主要出现在呼吸道，有时也出现在输卵管。轻微的不易察觉，鼻孔、鼻窦、气管和肺中出现比较多的黏性液体或者卡他性分泌物，气管壁略水肿。随着感染的发展，气囊逐渐浑浊，气囊壁上出现干酪状渗出物，开始时如珠状，严重时成堆成块。眶下窦出现炎症，在火鸡眶下窦呈现黏性和干酪状渗出物。有时出现心包炎和肝周炎变化，此时经常可以分离到大肠埃希式杆菌。出现关节症状时，关节周围组织出现水肿，关节液增多，开始时清亮而后浑浊，最后呈奶油状稠度。

3. 诊断

根据流行病学、临床症状和病理变化，可作出初步诊断，但进一步确诊须进行病原分离鉴定和血清学检查。做病原分离时，可取气管和气囊的渗出物制成悬液，直接接种支原体肉汤或琼脂培养基；血清学方法主要以血清平板凝集试验最常用。

4. 防治

（1）预防 免疫接种是减少支原体感染的一种有效方法。国内外使用的疫苗主要有弱毒疫苗和灭活疫苗。弱毒疫苗既可用于尚未感染的健康雏鸡，也可用于已感染的鸡群。灭活苗以油佐剂灭活苗效果较好，多用于蛋鸡和种鸡。免疫后可有效地防治本病的发生和种蛋的垂直传播，并减少诱发其他疾病的机会，增加产蛋量。

（2）药物治疗 鸡群一旦出现该病，可选泰妙菌素、泰乐菌素、红霉素、强力霉素、链霉素和氧氟沙星等抗生素进行治疗。该病临阵症状消失后极容易复发，且禽败血霉形体易产生耐药性，所以治疗时最好采取交替用药的方法。

（二）黑凤鸡曲霉菌病

曲霉菌病又称霉菌性肺炎或者育雏室肺炎，是真菌中的曲霉菌引起的黑凤鸡的一种真菌性疾病。其病变特征是肺和气囊发生广泛的炎症和小结节。常见于幼禽，呈急性暴发。成年禽则为散发。发病率和病死率都很高，可以引起大批死亡。

1. 临床症状

感染的潜伏期一般为 2～7 天，根据临床症状和病程可分为急性型和慢性型。

（1）急性型 主要见于 1 月龄的雏鸡。病鸡初期表现为精神不振，食欲减少，继之出现口渴、频频饮水，羽毛粗乱，两翼下垂，喜立于墙角或蹲于僻静处。病程稍长者，表现呼吸困难，伸颈张口呼吸。呼吸状态的变化是本病的特征，当肺部结节密集或气管炎性渗出物增多充塞时，出现伸脖张口吸气，时常发出啰音及哨音，有时摇头连续打喷嚏，接着出现腹式呼吸，两翼扇动，尾巴上下摆动，颈向上前方一伸一缩，口黏膜和面部发绀，最后窒息而死。患眼曲霉菌病的雏鸡，初期结膜充血肿胀，继之眼睑肿胀，常在一侧眼的瞬膜下出现黄色干酪样小球，使眼睑鼓起，或在角膜中央出现溃疡。鸡患皮肤烟曲霉菌病，患部呈黑褐色坏色。通常在出现症状后 2～7 天死亡。很少有康复者。

（2）慢性型　幼鸡表现生长缓慢，发育不良，羽毛蓬乱无光，不喜运动，闭目呆立，眼窝下陷，步行不稳，喜立一隅或热源处，有的口腔黏膜出现溃疡，逐渐消瘦而死亡。成年鸡多数表现为慢性型的症状，母鸡则停止产卵或产卵量减少，病程可延至数周。

2. 剖检变化

病变主要表现在肺和气囊。典型病例均可在肺脏表面散在或密集针头大、小米大、绿豆大乃至豌豆大灰白色或淡黄色结节，易于从周围组织剥离。结节柔软有弹性，切开见有层次的结构，中心为干酪样坏死组织，内含大量菌丝体，外层为类似肉芽组织的炎性反应层。气囊壁增厚，气囊内常含有灰白色或黄白色的炎性渗出液或脓汁，继之变成凝乳块样，最后形成大小不等的干酪状。慢性病例，干酪样结节更大，数量更多，气囊壁变厚呈皮革样，并融合形成更大的淡黄色大块干酪样病灶。随着病程的延长，曲霉菌在干酪样及增厚的囊壁上形成分生孢子，此时可见气囊壁上形成圆形隆起的灰绿色霉菌斑，呈绒球状。

3. 诊断

根据流行病学、临床症状和病理剖检可作出初步诊断，确诊则需微生物学检查。

4. 防治

预防本病的关键是不使用发霉的垫料和饲料，垫料要经常翻晒，妥善保存，尤其是阴雨季节，防止霉菌生长繁殖。种蛋、孵化器及孵化厅均按卫生要求进行严格消毒。育雏室应注意通风换气和卫生消毒，保持室内干燥、清洁。

发现疫情时应迅速查明原因并立即排除，同时进行环境、用具等的消毒。本病目前尚无特效的治疗方法。据报道用制霉菌素防治本病有一定效果，剂量为每 100 只雏鸡一次用 50 万国际单位，每日 2 次，连用 2~4 天。用 0.05% 的硫酸铜溶液或 0.5%~1% 碘化钾溶液饮水，连用 3~5 天也有一定疗效。

三、黑凤鸡常见病毒病的防治

（一）黑凤鸡痘病

黑凤鸡痘病是由痘病毒引起的一种黑凤鸡的接触性传染病，其特征是在无毛或少毛的皮肤上发生痘疹，或在口腔、咽喉部黏膜形成纤维素性坏死性假膜，又名禽白喉。

1. 症状及剖检变化

黑凤鸡痘病潜伏期为 4~8 天。根据发病部位不同，可分为皮肤型、黏膜型及混合型。

（1）皮肤型 在鸡冠、眼睑、喙角、耳球、腿、脚、泄殖腔以及翅内侧形成特异的痘疹。起初为细薄的灰色麸皮样覆盖物，迅速形成结节。结节增大相互融合，形成粗糙、坚硬、凸凹不平的褐色痂块，眼部出现痘疹时致使鸡眼难睁。幼龄鸡精神委顿，食欲减退，体重减轻。蛋鸡产蛋减少或停止。

（2）黏膜型（白喉型） 多发于幼雏和中雏。病初呈鼻炎症状，鼻炎出现后 2~3 天，口腔、咽喉等出黏膜发生痘疹，初为圆形黄色斑点，逐渐扩大融合成一层黄白色假膜（故称白喉型），随后变厚而呈棕色痂块，痂块不易脱落，强行撕脱则引起出血。如痘疹蔓延至喉部，病鸡出现吞咽困难，严重时窒息死亡；如痘疹发生在眼及眶下窦，则眼睑肿胀，结膜上有多量脓性或纤维素性渗出物，甚至引起角膜炎而失明。

（3）混合型 皮肤、黏膜均受侵害，发生痘疹。

2. 诊断

皮肤型鸡痘，根据临诊症状可以确诊。黏膜型的鸡痘，可采取病料（痘痂或假膜）做成 1∶5 的悬浮液，通过划破冠、肉髯或皮下注射等途径接种易感鸡，如有痘病毒存在，被接种鸡在 5~7 天出现典型的皮肤痘疹。此外，也可进行包涵体检查或用血清学方法进行诊断。

3. 防治

平时加强饲养管理，做好卫生消毒和定期预防接种工作。我国目前使用鸡痘鹌鹑化弱毒苗，100倍稀释后，在翅膀内侧无血管三角区内皮下刺种，1月龄以上鸡刺种2针，20日龄鸡刺种1针。200倍稀释后，6日龄以上鸡刺种1针。引进黑凤鸡时应隔离观察，确认健康方可混群。发病时，应立即隔离病鸡，轻者治疗，重者淘汰。对其他鸡进行紧急免疫接种。尸体深埋或焚烧。污染场所要严格消毒。存在于皮肤病灶中的病毒对外界环境的抵抗力很强，因此隔离的病鸡在完全康复后2个月方可合群。

（二）黑凤鸡禽流感

禽流感是禽流行性感冒的简称，又称真性鸡瘟或欧洲鸡瘟，它是一种由A型流感病毒的一种亚型引起的传染病，临床上以急性败血性死亡到无症状带毒等多种病为特点。高致病性禽流感被国际兽疫局定为A类传染病，我国也将其列入一类动物疫病。本病在我国有些省市的一定范围内暴发，给我国养禽业带来极大的威胁，加强该病的防治刻不容缓。

1. 临床症状

（1）急性禽流感　特点是潜伏期短（潜伏期几小时到数天），发病急剧，突然暴发，常无明显症状而突然死亡。病鸡体温高达43℃以上，精神高度沉郁，食欲废绝，羽毛松乱；有咳嗽、啰音和呼吸困难，甚至可闻尖叫声；鸡冠、肉髯、眼睑水肿，发绀或呈紫黑色；眼结膜发炎，眼、鼻腔有较多浆液性或黏液性或黏脓性分泌物；病鸡腿部鳞片有红色或紫黑色出血；病鸡有下痢，排出黄绿色稀便；产蛋鸡产蛋量明显下降，甚至停产；有的病鸡可见神经症状，共济失调，不能走动和站立。

（2）亚急性禽流感　特点是潜伏期长，发病比较缓和，病程稍长，发病率和死亡率较低，主要引起产蛋鸡发病，青年鸡和雏鸡发病较少，一旦发病，疫区很难根除。病鸡精神不振，采食量明显减少，饮水增加，羽毛松乱、缩颈，呆立，从鼻腔流出分泌物，鼻窦肿胀。眼结膜发红，流出分泌物。头部肿胀、变大，鸡冠、肉髯淤血，重者呈紫黑色，肉髯可变厚、变硬，触之有热感。腿部毛少处可见出血斑。呼吸道症状一般较轻。有的病鸡表现为咳嗽，有呼吸音，有的呼吸困难，伸颈张嘴，发出呼吸尖叫声。病鸡腹泻，排出水样稀粪，带有未完全消化的饲料，有的排出黄色、绿色或浅绿色稀粪。产蛋鸡产蛋量下降，同时可见软壳蛋、褪色蛋、沙皮蛋、畸形蛋等明显增多。

（3）慢性型禽流感　在实际中，一般症状不明显，仅表现轻微的呼吸道病状，采食稍见减少，消化道症状也不明显，产蛋鸡的产蛋率下降10%以内，软皮蛋、畸形蛋也不多，褪色蛋、沙壳蛋相对多些。这些临床表现与慢性呼吸道症状相似，当采用慢性呼吸道的防治办法不能收到效果时，应考虑是否有慢性禽流感的可能。

2. 剖检变化

高致病性禽流感暴发时突然死亡，可能见不到明显的病变。急性死亡鸡鼻窦内充满黏液，或见眶下窦内积有黏液或干酪样物，喉头、气管黏膜充血、出血，在黏膜表面有多量黏性分泌物。肺淤血。气囊膜增厚，内有纤维素性或干酪样物。消化道病变比较明显，口腔内有黏液，嗉囊内积有酸臭的液体；腺胃乳头出血，有脓性分泌物，腺胃与食道、腺胃与肌胃交界处有带状出血；肌胃角质膜下出血；十二指肠及小肠黏膜红肿，有程度不等的出血点或出血斑；盲肠扁桃体肿大、出血；直肠黏膜及泄殖腔出血。生殖道病变也较明显，卵泡充血、出血，呈紫红、紫黑色，有的卵泡变形、破裂，卵黄液流入腹腔，形成卵黄性腹膜炎；卵巢和输卵管充血、出血，管腔内有黄白色黏性或脓性分泌物，间或见纤维素性及干酪样物。肝脏肿大，有出血点，可见灰黄色坏死点、血肿；心包膜增厚，冠状沟及心外膜出血，心肌条状或点状坏死；皮下、内脏浆膜、腹部脂肪及心冠状沟脂肪可见出血点；胰腺出血，出血淡黄色斑点状坏死点；肾脏肿大，肾小管中含有尿酸盐沉积。

3. 诊断

根据流行特点、临诊症状和剖检变化可作出初步诊断，确诊需进行实验室诊断。

4. 防治

当前预防禽流感应采取严格的生物安全措施，严格检疫，彻底消毒，杜绝病原传入。候鸟可传播本病，当发现有鸟死亡时，应就地烧毁。目前我国已有不同类型的禽流感疫苗研制成功和应用，如H_5N_1亚型重组禽流感病毒灭活疫苗、H_5亚型禽流感重组鸡痘病毒载体活疫苗、禽流感灭活疫苗（H_5亚型，N_{28}株），都能彻底切断高致病性禽流感的传播。另外，发生高致病性禽流感时应按照国家有关规定采取相应的上报疫情、隔离、封锁及扑杀等措施。

（三）黑凤鸡马立克氏病

黑凤鸡马立克氏病是由鸡马立克氏病病毒引起的鸡的一种高度接触传染、最常见的一种鸡淋巴组织增生性传染病，以外周神经、性腺、虹膜、各种脏器、肌肉和皮肤的单核细胞浸润为特征。

1. 临床症状

本病是一种慢性肿瘤性疾病，潜伏期长。根据病变发生的部位和临床症状，本病可以分为4种类型，即神经型、内脏型、皮肤型和眼型。

（1）神经型　主要侵害外周神经。病鸡表现运动失调和步态异常，富有特征性的姿势是病鸡的一只脚伸向前方，另一只伸向后方，似"劈叉"姿势；或横卧、麻痹等不正常姿势。当臂神经丛或翅神经发生病变时的特征是翅膀下垂，俗称"穿大褂"。

（2）内脏型　多呈急性暴发，病性急骤，开始时以大批鸡精神委顿，食欲不振，羽毛散乱，行走缓慢，常缩颈呆立于墙角为特征。几天后部分病鸡出现共济失调、脸色苍白及下痢，随后出现单侧或双侧肢体麻痹。这种病例常见于50～70日龄的鸡。

（3）皮肤型　大多见于大腿、颈、翅膀、背部或尾部皮肤上，毛囊肿大，皮肤变厚，形成小结节及瘤状物。多在宰后的褪毛鸡身上才发现。

（4）眼型　主要表现单眼或双眼视力丧失，虹膜色素消退，呈同心的环状或斑点状，以至弥漫性的清蓝色或淡灰色的浑浊，俗称"鱼眼""灰眼""珍珠眼"或"白眼病"。严重时，整个瞳孔最后缩至针头大的小孔，病鸡视力减退或消失。

2. 剖检变化

（1）神经型　最常见病变是周围神经，病变的神经肿大，比正常增粗2～3倍，甚至更多，表面光亮，失去原有的银白色条纹外观，而呈灰白色或黄白色，有的呈水肿样，有的可见到明显结节状，神经变成粗细不匀。病变的神经大多数是一侧性的，与对侧神经对比时，有助于诊断。

（2）内脏型　病鸡肿瘤可出现在各个器官，如肝、肾、心、肺、卵巢、睾丸、腺胃等器官，可见到大小不等的单个或多个灰白色肿瘤。最常见的是性腺器官、肝、肾、脾肿大，比正常增大数倍。

（3）皮肤型　病变多发生在毛囊部，呈孤立或融合的白色隆起结节，严重时疖癣样，表面为淡褐色结痂，不形成肿瘤。

（4）眼型　主要见于虹膜内有大量淋巴细胞浸润。

3. 诊断

神经型马立克氏病，根据病鸡显现的特征性的劈叉、麻痹症状和病理变化即可确定诊断。本病的确诊是分离鉴定病毒。

4. 防治

疫苗接种是防治本病的关键。我国生产有2种疫苗，一种是火鸡疱疹病毒冻干苗，另一种是马立克氏病冷冻苗。鸡马立克氏病冷冻苗注射8天后产生免疫力，免疫期1年以上。发生马立克氏病的鸡场或鸡群，对病鸡必须检出淘汰，特别是种鸡场，严格做好检疫工作，发现病鸡立即隔离或淘汰，以消除传染来源。严重感染的种鸡群或商品鸡群，除淘汰更新外，养鸡的环境及饲养全过程，均应严格消毒。

（四）黑凤鸡传染性法氏囊病

传染性法氏囊病是由传染性法氏囊病毒引起雏鸡的一种急性、

高度接触性传染病。以腹泻、颤抖、极度虚弱，法氏囊、腿肌和胸肌、腺胃和肌胃交界处出血为特征。雏鸡感染后发病率高、病程短、死亡率高，导致免疫抑制，并可诱发多种疫病或使多种疫苗免疫失败。

1. 临床症状

本病潜伏期为 2 ~ 3 天，最初发现有鸡自啄泄殖腔。病鸡羽毛松乱，采食减少，畏寒，常聚堆。随后出现腹泻，排出白色黏稠和水样稀粪，泄殖腔周围的羽毛被粪便污染。在后期体温低于正常，严重脱水，极度虚弱，最后死亡。

2. 剖检变化

病死鸡脱水，腿部和胸部肌肉出血，法氏囊内黏液增多，法氏囊水肿和出血，体积增大，重量增加，比正常值重 2 倍，5 天后法氏囊开始萎缩，切开后黏膜皱褶多浑浊不清，黏膜表面有点状出血或弥漫性出血。严重时，法氏囊内有干酪样渗出物，肾脏尿酸盐潴留而苍白肿胀，腺胃和肌胃交界处有条状出血。

3. 诊断

根据本病流行病学和病变特征就可作出诊断。

4. 防治

防治本病不能用疫苗，需采取综合措施。

（1）严格执行兽医卫生措施　病毒在外界环境中极为稳定，能在鸡舍内长期存活。因此，应注意对环境的消毒，特别是育雏室。用有效消毒剂对环境、鸡舍、用具、笼具进行喷洒，经 4 ~ 6 小时后，进行彻底清扫和冲洗，重复 2 ~ 3 次消毒后再引进雏鸡，以防早期感染。

（2）提高种鸡的母源抗体水平　种鸡群在 18 ~ 20 周龄和 40 ~ 42 周龄经 2 次接种传染性法氏囊油佐剂灭活苗后，可产生高水平的抗体并传递给子代，使雏鸡获得较整齐和较高母源抗体，在 2 ~ 3 周龄内得到较好的保护，防止雏鸡早期感染。

（3）雏鸡的免疫接种　可对雏鸡免疫接种弱毒苗或中等毒力疫苗进行免疫预防。

（4）发病时的防治 除对鸡舍和环境进行严格消毒外，发病早期用传染性法氏囊高免血清或康复血清进行注射，也可用高免鸡所产蛋制备卵黄抗体进行注射，对鸡群有较好的疗效。治愈后应对鸡群进行主动免疫。

（五）黑凤鸡传染性支气管炎

黑凤鸡传染性支气管炎是由鸡传染性支气管炎病毒引起的鸡的一种急性、高度接触性传染性的呼吸道传染病。其特征是病鸡咳嗽、喷嚏和气管发出啰音。在雏鸡还可出现流鼻涕。蛋鸡出现产蛋量减少和质量低劣。肾型传支表现为肾炎综合征和尿酸盐沉积。

1. 临床症状

（1）呼吸型 本病潜伏期为 36 小时或更长。突然出现呼吸病状，并迅速波及全群为本病特征。4 周龄以下鸡常表现伸颈、张口呼吸、喷嚏、咳嗽、啰音，病鸡全身衰弱，精神不振，食欲减少，羽毛散乱，昏睡、翅下垂。5～6 周龄以上鸡，症状是啰音、气喘和微咳，同时伴有减食、沉郁或下痢症状。成年鸡出现轻微的呼吸道症状，产蛋鸡产蛋量下降，并产软壳蛋、畸形蛋或粗壳蛋。蛋的质量变差，如蛋白细薄呈水样，蛋黄和蛋白分离以及蛋白粘附于壳膜表面等。

（2）肾型 肾型患病鸡，呼吸道症状轻微或不出现，或呼吸症状消失后，病鸡沉郁、持续排白色或水样稀粪、迅速消瘦、饮水量增加。

2. 剖检变化

（1）呼吸型 主要病变是气管、支气管、鼻腔和窦内有浆液性、卡他性和干酪样渗出物。气囊浑浊或含有黄色干酪样渗出物。在死亡鸡的后端气管或支气管中可能有一种干酪样的栓子。在大的支气管周围可见到小灶性肺炎。产蛋母鸡的腹腔内可发现液状的卵黄物质，卵泡充血、出血、变形。有的输卵管发育异常，致使成熟期不能正常产蛋。

（2）肾型 肾肿大出血，多数呈斑驳状的"花斑肾"，肾小管和输尿管因尿酸盐沉积而扩张。在严重病例，白色尿酸盐沉积可见于其他组织器官表面。

3. 诊断

肾型传支一般易作出现场诊断，确诊需进行实验室检验。

4. 防治

（1）预防　常用灭活油剂苗免疫预防各种日龄的鸡只。一般免疫程序为 5～7 日龄首免，25～30 日龄二免，种鸡于 120～140 日龄用油苗作三免。多价灭活油剂苗，按 0.2～0.3 毫升/只雏、0.5 毫升/只成鸡皮下注射。

（2）治疗　本病尚无特效疗法，应用干扰素、免疫球蛋白、免疫核糖核酸等生化药品和中药有一定治疗效果。发病鸡群应注意改善饲养管理条件，降低鸡群密度，加强鸡舍消毒，增加多维素饲用量。为了补充钠、钾损失和消除肾脏炎症，可以给予复方口服补液盐，有继发感染可使用抗生素等。

四、黑凤鸡常见寄生虫病的防治

（一）黑凤鸡球虫病

黑凤鸡球虫病是由艾美耳科艾美耳属的球虫寄生于鸡的肠上皮细胞所引起的一种原虫病。本病在我国分布广，发生普遍，以 3～6 周龄的幼鸡最易感染，发病率高达 70% 左右，死亡率 20%～50%，对雏鸡危害最大。患鸡多愈后生长缓慢，经济效益差。

1. 症状

患球虫病的鸡，其症状和病程常因病鸡的感染程度、球虫的种类及饲养管理条件而异。

（1）急性型　多见于雏鸡，病程数天至 2～3 周，病初病鸡精神委顿、嗜睡、被毛松乱、闭目缩头、呆立吊翅、喜欢拥挤在一起，食欲减退而饮欲增加，粪便增多变稀，肛周羽毛因排泄物污染粘连。随病情的发展，病鸡翅膀轻瘫，运动失调，食欲废绝，粪如水样并带有血液，重者全为血粪。病鸡消瘦，可视黏膜、冠、髯苍白。病末期有精神症状，昏迷，两脚外翻、僵直或痉挛。雏鸡病死率可达50%，严重者可达80%以上。死亡鸡泄殖腔周围常沾污有血迹。

（2）慢性型　多见于4~6月龄的鸡和成年鸡。病鸡无明显症状，表现为厌食、少动、消瘦、生长缓慢、脚翅轻瘫，偶有间歇性下痢。病程长短不一。成年鸡主要表现为体重增长慢或减轻，产蛋减少。也有些成年鸡为无症状型带虫者。

2. 剖检变化

球虫病变一般集中在肠管，其他器官无太大变化。盲肠表现为两侧明显肿胀（较正常的肿大3~5倍），肠道黏膜出血呈棕红色或暗红色盲肠，肠黏膜脱落，肠内有凝血块或黄白色干酪样坏死物。小肠表现为肠管扩张，肠壁松弛增厚，有严重的坏死灶，肠黏膜有少量小出血点和白色斑点相间，肠腔有凝血，浆膜淡红色。

3. 诊断

可用饱和盐水漂浮法或直接涂片法检查粪便中的球虫卵囊。取病鸡的少量粪便或病变部位的刮取物，放于载玻片上，与甘油水溶液（等量混合液）1~2滴混合均匀，加盖玻片镜检。可根据卵囊特征作出初步诊断。正确的诊断必须根据临诊症状、流行病学资料、病理变化、病原学检查等多方面因素加以综合判断。

4. 防治

（1）预防　鸡球虫病的防治重点在于预防，包括药物预防、免疫预防及加强饲养管理等。

① 药物预防。应采用轮换用药和穿梭用药方案，合理使用抗球虫药。用于预防鸡球虫病药物有：氨丙啉、球虫净或球痢灵，按0.013%浓度混入饲料。预防从15日龄开始，连续用药30~45天；马杜霉素，按0.0005%混入饲料；莫能菌素，按0.01%~0.012%混入饲料；盐霉素，按0.006%混入饲料。

② 免疫预防。现已研制了数种球虫疫苗，可通过饲料或饮水免疫1~10日龄的雏鸡，现主要用于种鸡和后备母鸡，已取得了较

好的预防效果。

③ 加强饲养管理。搞好鸡舍卫生，保持鸡舍干燥；控制垫料温度，保持鸡舍通风良好；做好消毒灭源工作，有效杀灭球虫卵囊，减少甚至消灭传染源；选择最佳的饲养方式，从而抑制球虫的传播，降低感染率；增加或补充饲料中维生素 A 和维生素 K 的含量；死鸡和淘汰鸡应妥善处理。

（2）治疗　治疗球虫病的药物较多，由于球虫对药物极易产生耐药性，所以抗球虫药的选择不能全凭以往的经验，必须选用对当地虫株最敏感的药物来防治。可以选用如下几种。

① 氨丙啉、球虫净或球痢灵：均可按 0.013% ~0.024% 混入饮水，连用 3 天。

② 氯苯胍：按 30% ~60% 的浓度混入饲料中，连喂 1 周。

③ 金霉素：每只雏鸡每天服用 6 ~8 毫克，或按 0.08% 的浓度混入饲料中，连喂 3 ~4 天。

④ 妥曲珠利：又名百球清，2.5% 溶液，按 0.0025% 混入饮水，连用 3 天。

（二）黑凤鸡绦虫病

黑凤鸡绦虫病是由赖利属的多种绦虫寄生于鸡的十二指肠中引起的，常见的赖利绦虫有棘沟赖利绦虫、四角赖利绦虫和有轮赖利绦虫等 3 种。各种年龄的鸡均能感染。17 ~40 日龄的雏鸡易感性最强，病死率也最高。

1. 症状

病鸡精神不振，早期食欲增加，当自体出现中毒时，食欲减退，但饮欲增加，消瘦、贫血、羽毛松乱，排白色带有黏液和泡沫的稀粪，混有白色绦虫节片，若寄生绦虫量多时，可使肠管堵塞，肠内容物通过受阻，造成肠管破裂和引起腹膜炎。轻度感染造成雏鸡发育受阻，严重感染时，部分病例常有进行性麻痹，从两脚开始，逐渐波及全身，即出现瘫鸡，有时部分病例经过一段时间后鸡体中毒症状解除后不治自愈，但影响将来的生产性能。成鸡感染本病一般不显症状，但影响免疫疫苗抗体的产生，严重时，产蛋量下降或产蛋率上下浮动，个别严重病例出现腹腔积水（即水档鸡）和神经症状（即瘫鸡），常因急发感染细菌或病毒病而衰竭死亡。

2. 剖检变化

病鸡尸体消瘦，小肠黏膜增厚，有时肠黏膜上有出血点，肠道有炎症，肠道有灰黄色结节，中央凹陷，其内可找到虫体或黄褐色干酪样栓塞物。病鸡脾脏肿大，呈土黄色，往往出现脂肪变性，易碎，部分病例腹腔充满腹水；部分病例肠道生产类似于结核病的灰黄色小结节；成鸡往往还表现卵泡变性坏死等病理现象。

3. 诊断

根据流行病学、临诊症状、病理剖检和病原学检查进行确诊。结合症状同时发现鸡粪中白色小米粒样的孕卵节片来诊断。对可疑鸡群，可挑取典型症状鸡或病死鸡进行剖检诊断，看是否有绦虫寄生。

4. 防治

（1）预防 经常清扫鸡舍，及时清除鸡粪，做好防蝇灭虫工作；幼鸡与成鸡分开饲养，最后采用全进全出制；流行季节里在饲料中长期添加环丙氨嗪，制止和控制中间宿主的孳生；定期进行药物驱虫。

（2）治疗 当鸡发生绦虫病时，必须立即对全群进行驱虫。常用的驱虫药有以下几种。

① 硫氯酚（别丁）：每千克体重 150～200 毫克，混入饲料中喂服。

② 氯硝柳胺（灭绦灵）：每千克体重 150～200 毫克，混入饲料中喂服。

③ 吡喹酮：每千克体重 10～15 毫克。

④ 丙硫苯咪唑：每千克体重 10～20 毫克，混入饲料中喂服。

⑤ 溴氢酸槟榔素：每千克体重 1～1.5 毫克，饮水，给药前绝食 16～20 小时。

(三) 黑凤鸡蛔虫病

黑凤鸡蛔虫病是由鸡蛔虫寄生于黑凤鸡小肠内引起的一种常见寄生虫病。本病遍及全国各地，是一种常见寄生虫病。在地面大群饲养的情况下，常感染严重，影响雏鸡的生长发育，甚至导致大批死亡，造成严重损失。

1. 症状及剖检变化

雏鸡和 3 月龄以下的青年鸡被寄生时，蛔虫的数量往往较多，初期症状也不明显，随后逐渐表现为生长发育不良，精神沉郁，行动迟缓，食欲不振，下痢，有时粪中混有带血黏液，羽毛松乱，消瘦、贫血，黏膜和鸡冠苍白，最终可因衰弱而死亡。严重感染者可造成肠堵塞导致死亡。成年鸡一般不表现症状，但严重感染时表现为腹泻、贫血和产蛋量下降等。

剖检可见病尸明显贫血、消瘦，肠黏膜充血，肿胀，发炎和出血，肠壁上有颗粒状化脓灶或结节。严重感染时可见大量虫体聚集，相互缠结，引起肠阻塞，剪开肠管可见有多量蛔虫拧集在一起呈绳状。

2. 诊断

根据临床症状、病理剖检和寄生虫检查而确诊。采用水洗沉淀法或饱和盐水漂浮法检查粪便中的虫卵，或剖检时在小肠内发现大量虫体可确诊。

3. 防治

(1) 防治 加强环境卫生管理，勤换垫草，粪便及时处理清除。蛔虫病流行的鸡场，每年应进行 2 次定期驱虫，雏鸡于孵化后 2 个月左右驱虫 1 次，当年秋末进行第 2 次驱虫；成年鸡第 1 次驱虫安排在 10~11 月份，第 2 次驱虫放在春秋产蛋季节前 1 个月进行。病鸡随时进行治疗性驱虫。

(2) 治疗 治疗可选用下列药物。

① 枸橼酸哌哔嗪 (驱蛔灵)：每千克体重 2.0 毫克，拌料 1 次内服，或配成 0.1%~0.2% 水溶液饮服。

② 左旋咪唑：每千克体重 25~40 毫克，混料 1 次内服。

③ 噻苯唑：每千克体重 500 毫克，混料 1 次内服。

④ 亚砜咪唑：每千克体重 5 毫克，混料 1 次内服。

⑤ 吩噻嗪（硫化二苯胺）：每千克体重 0.5～1.0 克，每只鸡总量不得超过 2 克，混料 1 次内服。

（四）黑凤鸡羽虱

黑凤鸡羽虱是寄生在黑凤鸡身体表面的一种昆虫。也是禽类最普通的一种外寄生虫，种类很多，已经发现的就有 40 种之多，各种羽虱都有严格的宿主。羽虱主要附着于羽毛或绒毛上，体长为几毫米，呈淡黄色或灰色。

1. 症状及剖检变化

病鸡奇痒不安，会蹦跳飞跃，常啄自身羽毛与皮肉，导致羽毛脱落，皮肤损伤，食欲下降与渐进消瘦和贫血，精神萎靡不振，营养缺乏，进而出现贫血症状甚至死亡。雏鸡长鸡虱会影响生长发育；产蛋鸡长鸡虱则产蛋率下降。

2. 诊断

在黑凤鸡体表发现虱或虱卵即可确诊。

3. 防治

（1）预防　对鸡舍内卫生死角彻底清扫，清除陈旧干粪、垃圾杂物，能烧的烧掉，其余用杀虫药液充分喷淋，堆到远处。

（2）防治　用 5% 溴氰菊酯乳油（敌杀死），预防浓度为 30 毫克/升，治疗浓度为 50～80 毫克/升。进行药浴或喷洒。杀灭菊酯，市售商品为 20% 乳油，使用时加水稀释即可（不可使用 50℃以上热水）。鸡体灭虱浓度为 4～5 毫克/升，使用时以微温（12℃）水稀释乳油后喷洒，涂擦或药浴。鸡舍灭虫可按 0.03～0.05 毫升/米³计量，喷雾后密闭 4 小时。

地面平阳的鸡群，可设一沙浴地，每 50 千克细沙内加入硫黄粉 5 千克，充分混匀，铺成 10～20 厘米厚，让鸡自行沙浴。

第十章 黑凤鸡屠宰及其副产品的加工利用

黑凤鸡属于不可多得的瘦肉型珍禽，体型娇小，发育匀称，结构紧凑，胸肌发达；皮薄，皮下脂肪少，肌肉结实，骨骼细而坚硬，毛孔小而密致；有土鸡肉的香味和山鸡肉的结实，还有飞禽的野味，不失为一种高蛋白低脂肪的理想保健食品，极为适合现代人的消费理念和饮食特点。因此，黑凤鸡多为鲜活上市。

第一节 黑凤鸡的活体销售

黑凤鸡集观赏、美味、滋补于一身，因此商品黑凤鸡活体销售是常见的销售形式。

一、销售渠道

1. 鸡贩

活鸡市场中有很多鸡贩专门做活鸡生意，可以将商品黑凤鸡卖给他们。

2. 单位

城镇各单位、团体都需要活鸡，也可以通过联系卖给他们。

3. 农贸市场

养鸡户可自己卖活鸡，而且可以采取"点杀"形式提高销售附加值。所谓"点杀"就是买主指定买那只就杀那只鸡，烫水拔毛洗净后再卖给买主。

4. 饭店

可以向有特色或营野味的饭店进行销售。

5. 网上销售

利用现代科技手段在网上进行销售。

二、捕捉

黑凤鸡的神经很敏感，惊恐怕人，一旦受到干扰，会乱飞乱撞，四处奔跑，有时候会弄伤自己的头。捕捉不当时会拼命挣扎，容易造成伤残。因此捕捉黑凤鸡时，可用捕捉网先将黑凤鸡罩住，然后再抓。用这种方法捕捉黑凤鸡，不会引起损伤。

三、运输

1. 运输前的准备

（1）运笼　根据黑凤鸡野性较强、易惊等特点，必须采用封闭运笼，才能减少外逃。碰撞受伤、影响上市外观和降低经济效益。运输笼可用种鸡运动笼，运输时可重叠 4~5 层放置。

（2）饲料　如短途运输，无需饲料。但运输时间超过 1 天，就应准备饲料。饲料数量的多少，根据运输时间的长短和黑凤鸡数量而定，一般为每只每天需 50 克饲料。

（3）其他用具　根据运输途中管理工作和运输工具维修工作的需要，应准备有绳、钉子、钳子、喂食工具、小水桶、急救药品等物品，以备急用。

2. 装笼时间和只数

黑凤鸡装上运笼后，在笼内的时间不要太长，尽量缩短装笼后到装车起运这段时间。

装黑凤鸡的数量，应根据黑凤鸡体型大小、气候、路途远近而定，一般为 15~25 只。

3. 运输途中的管理

商品黑凤鸡运输途中的管理同种鸡的运输管理。

第二节　黑凤鸡的屠宰与加工

为了提高黑凤鸡的销售价值，可以通过屠宰加工使产品增值。屠宰加工若有其他禽类的机械化屠宰设备，可以利用，若饲养规模较小，可采用手工屠宰方式。

1. 停喂和绝食

需要屠宰的黑凤鸡群首先要绝食，绝食时间一般要 12 小时以上，对屠体品质和等级都有一定好处，但饮水不得中断。

2. 抓鸡

抓鸡要注意部位，不要抓翅膀。避免发生骨折或出"血印"。

3. 保定

左手捏住黑凤鸡的两翅膀，小指钩住黑凤鸡的左腿，拇指和食指时捏住鸡冠。右手持刀，立于放血盆旁。

4. 宰杀

颈部刀口处拔掉部分毛放血。为使外形美观，最好选用口腔宰杀法。用小型尖刀，刺入口腔第二颈椎处，用尖刀隔断颈静脉和桥静脉，再将刀抽出一半，通过上颚裂缝，向眼内侧斜刺延脑，以破坏肌肉神经中枢，使其早死和放血干净，并有利于拔毛。

5. 烫毛

待血放尽时进行烫毛，烫毛要用 65～75℃温水，不可用沸水，因沸水易烫坏表皮，影响等级，退毛的顺序如下：先拔两边的翅毛，再推背毛，最后去头颈毛。

6. 清洗整理

将鸡体放于清水盆中漂洗，检查鸡体上是否有残存死皮和小毛，并控去肉体上的余水。

7. 掏嗉囊

沿喉管剪开颈皮，不划伤肌肉，约长 5 厘米，在喉头部位拉断气管和食道，用中指将嗉囊完整掏空。防止饲料污染胴体。嗉囊破损率控制在 2%。

8. 开大膛

从肛门周围伸入环形刀或者斜剪在右腿下放剪切成半圆形，大约 5 厘米。切肛部位要正确，不要切断肠子，防止断肠污染内脏。

9. 净膛

净膛可分为半净膛和全净膛 2 种。半净膛只将大小肠拉出，肝、心、胃等仍留在膛内。全净膛则将上述脏器全部取出。

10. 冲洗

用清水多次冲洗鸡体内外，水量要充足并有一定压力。机械或工具上的污物，必须用带压水冲洗干净。

11. 装袋

每只鸡装 1 袋，接触鸡屠体的塑料薄膜，不得含有影响人体健康的有害物质。

12. 运输

① 运输时应使用符合食品卫生要求的冷藏车或保温车。

② 成品运输时，不得与有毒、有害、有气味的物品混放。

13. 贮存

① 鲜鸡肉产品应贮存在（0±1）℃冷藏库中，保质期不得超过 7 天。

② 冷鸡肉产品应真空包装在 -18℃ 以下冷冻库贮存，保质期为 12 个月。

第三节　其他副产品的加工及利用

一、鸡内脏的加工

1. 鸡胗

鸡胗取下来之后，首先用刀从中间割开，将里边的食料掏出来，用水洗净后，再用小刀将表层黄色的皮刮去，最后把上边的油剥下来，冲洗干净即可。但在开刀摘除内容物和角质膜时应横着开口保持两个肌肉块的完整，提高利用价值，单独包装出售，鸡内金取出后晒干可药用。

2. 鸡肝

鸡肝去胆，修整，擦干血水后单独出售。如不慎胆囊破裂，立即用水冲洗肥肝上的胆汁。鸡肝在包装前不需要用水冲洗，以防变颜色，只需要用干净的布将其擦干净即可。

3. 鸡心

鸡心要清洗干净，去掉心内余血，单独包装出售，速冻冷藏。

4. 鸡肠

去肛门，去脂肪和结缔组织，划肠，去内容物，去盲肠和胰脏，水洗，去伤疤和杂质，晾干。整理鸡肠应去掉肠油，并将内外冲洗干净，单独包装，速冻冷藏。

5. 鸡腰

鸡腰可以单独出售。

二、鸡粪的利用

鸡粪是饲养黑凤鸡的副产品。如果以放养方式饲养少量黑凤鸡时，鸡粪的数量少，鸡粪的利用和处理未必引起饲养者的足够注意。但如果饲养量达到成千上万只，产生的鸡粪数量是巨大的，因此鸡粪的处理成为黑凤鸡饲养场的一项重要生产内容。

（一）利用方法

1. 堆肥发酵法

通过堆肥发酵后的鸡粪，是葡萄、西瓜、果树和蔬菜的好肥料。选择在通风好、地势高的地方，最好远离居住区及鸡舍 500 米以上的下风向，将清理出的带垫料鸡粪堆积成堆，外面用泥浆封闭。一般夏季 10 天左右，冬季 2 个月左右。该方法不能彻底除臭。

2. 多菌两步发酵法

鸡粪通过配比后经过多菌两步发酵（前期好氧，后期堆肥）后生产出生物有机肥商品，广泛应用于各种作物，是生产无公害、绿色和有机产品的优质肥料。通过大量试验证明，施用效果显著。

① 明显改善作物性状。如增加株高或蔓长，提高单果重。

② 明显使作物增产增收。如粮食作物可增产增收 10% 以上，经济作物可增产增收 30% 以上。

③ 明显提高作物品质。如有效提高西瓜糖度，降低蔬菜硝酸盐含量，提高果蔬维生素 C 含量。

④ 明显增强作物抗病性。如有效降低大白菜的花腐病发病率，有效降低烤烟的花叶病和黑茎病发病率。

⑤ 生物有机肥富含多种有益活菌，能有效增加土壤有机质，疏松改良板结污染的土壤，保育土壤，提高肥力。

该方法不仅能够彻底除臭，还有独特的发酵味。

3. 热喷饲料法

新鲜纯鸡粪通过热喷工艺设备处理，能够大幅度提供饲料营养价值，相当于棉饼、菜饼和芝麻饼等，可以作为蛋白质饲料，替代部分豆粕，配制配合饲料，经济效益显著。该方法能够彻底除臭。

4. 发酵饲料法

新鲜纯鸡粪添加少量麦麸、饼粕、发酵菌等辅料，然后通过发酵工艺设备处理，能够彻底改变其饲料营养价值，成为优良的蛋白质源，相当于脱毒棉饼和脱毒菜饼，替代部分豆粕，配制配合饲料，经济效益显著。该方法不仅能够彻底除臭，动物适口性也很好。

5. 青贮氨化法

新鲜纯鸡粪青贮后可以作为饲料喂牛、羊，有的也可以喂猪。将新鲜纯鸡粪与切碎的饲草、水果和蔬菜废物，或马铃薯、甘薯秧、谷物等混合后进行青贮，其中，与非豆科饲草的青贮最好。青贮时，保持含水 40%～70%，可添加玉米等谷实，并添加适量的氨水，以提高饲草与鸡粪贮料的消化率和适口性。将新鲜鸡粪风干后，按 30% 的比例在青玉米中进行青贮，然后喂养肉牛，粗蛋白质含量较高。该方法不能彻底除臭。

6. 烘干（或风干）粉碎后用于饲料

将鲜鸡粪在塑料大棚内摊开晾晒，粪层厚度小于 15 厘米，用钉齿耙搅动，同时用高速鼓风机吹风。鸡粪晒干后，粉碎加工成颗粒饲料，可以喂牛、羊、禽，一般添加量不大于 10%。该方法不能除臭，动物适口性较差。

7. 烘干（或风干）粉碎后用于肥料

将鲜鸡粪用鸡粪烘干设备干燥（因为鲜鸡粪有很强的黏稠性，需要添加大量分散辅料）。鸡粪烘干粉碎后，还可以加工成颗粒肥料。该方法除臭效果不理想，且由于虫卵等杀灭率不高，肥料施用量受到限制。

8. 直接饲喂法

新鲜纯鸡粪可以少量直接喂猪、喂鱼，在饲喂时根据不同鸡粪含不同有效成分来添加，如幼鸡粪含粗蛋白质较高，可做精饲料，而产蛋鸡粪由于灰分含量较多，添加时要注意。喂猪时，每日饲料粮中按 10% 的比例，将新鲜纯鸡粪直接加入，平均 1 头猪约可消耗 8 只成年鸡的粪便。喂鱼时，直接加入鱼塘。该方法不能除臭，动物适口性较差，注意严禁过量。

9. 沼气发酵法

鸡粪是沼气发酵的原料之一，尤其是含水量大的冲水鸡粪，可以用来制取沼气。建立中小型酵池，约20天发酵便可生产出沼气。沼气可用做生活取暖，沼渣用来做鱼饵或肥料。

（二）注意事项

加强对鸡粪的管理。一次性集中清粪的高床鸡舍或原垫草鸡舍，应该加强通风，保持鸡粪干燥。分散清粪的鸡舍，水槽末端流出的水最好不要排入粪沟，尽量收取半干鸡粪，及时集中到粪场，防止雨水冲刷。

尽量经过多菌两步发酵、堆肥发酵或沼气发酵后使用，比较安全。

鲜鸡粪喂鱼应注意逐步投放，防止一次性投放过多，造成有机污染

三、垫料的处理

在黑凤鸡生产过程中，采用平养方式需使用垫料，所用垫料多为锯木屑、稻草或其他秸秆。一般使用的规律是冬季多垫，夏季少垫或者不垫，一个生产周期结束后，清除的垫料实际上是鸡粪与垫料的混合物。

1. 窖贮或堆贮

雏鸡粪和垫料的混合物可以单独地青贮。为了使发酵作用良好，混合物的含水量应调至40%，混合物的堆贮的第4~8天，堆温达到最高峰（可以杀死多种致病菌），保持若干天后，堆温逐渐下降与气温平衡。经过窖贮或堆贮后的鸡粪与垫料混合物可以饲喂牛、羊等反刍动物。

2. 生产沼气

使用粪便垫料混合物作沼气原料，由于其中已含有较多的垫草（主要是一些植物组织），碳氮比较合适，作为沼气原料使用起来十分方便。

3. 直接还田用作肥料

锯木屑、稻草或其他秸秆在使用前是碎料者可直接还田。

四、羽毛处理和利用

鸡的羽毛附着有大量病源微生物，如果不经过加工处理而随地抛撒，则有可能造成疾病的四处传播，羽毛中蛋白质含量高达85%，其中，主要是角蛋白，其性质及其稳定，一般不溶于水、盐溶液及稀酸、碱，即使羽毛磨成粉末，动物肠胃中的蛋白酶也很难对其进行分解和消化。

1. 羽毛的收集

羽毛收集方法大体可分人工法、输送带法和水流管泵法。人工法是用耙子将拔毛机下面随意掉在地上的羽毛耙集在一起，再装入筐。输送带法是拔下的羽毛靠装在拔毛机下的斜挡板和输送带将羽毛自行汇集。水流管泵集羽法以长的明沟代替输送带，拔下的羽毛掉落到明沟里，随快速流动的水流入水池。快速流动的水源由水泵提供，然后由羽毛输送泵将池内的羽毛和水送到分离机，分离出羽毛。而分离后的水仍可流入水泵，被重复利用。由于快速流动的水可将羽毛带到较远的地方，汇集羽毛和大池以及水泵也都可设置在加工车间的外面。由于开了明沟，脱毛车间的地面清洗方便，从而保证环境卫生达到要求。一般现代化的大鸡屠宰加工厂均用此集羽法。

2. 羽毛的整理加工处理方法

对羽毛的处理关键是破坏角蛋白稳定的空间结构，使之转变成能被畜禽所消化吸收的可溶性蛋白质。高温高压水煮法：将羽毛洗净、晾干，置于120℃、450～500千帕条件下用水煮30分钟，过滤、烘干后粉碎成粉。此法生产的产品质量好，试验证明，该产品的胃蛋白酶消化率达90%以上。

3. 羽毛蛋白饲料的利用

（1）鸡饲料　大量试验和多年饲养实践表明，在雏鸡和成年鸡日粮中配合 2% ~4% 的羽毛粉是可行的。

（2）猪饲料 研究表明，羽毛粉可代替猪口粮中 5% ~6% 的豆饼或国产鱼粉。在二元杂交猪口粮中加入羽毛蛋白饲料 5% ~6%，与等量国产鱼粉相比，经济效益提高 16.9%。若配比过高，则不利于猪的生长。

（3）毛皮动物饲料 胱氨酸是毛皮动物不可缺少的一种氨基酸，而羽毛蛋白饲料中胱氨酸含量高达 4.65%，故羽毛蛋白是毛皮动物饲料的一种理想的胱氨酸补充剂

五、蛋壳的加工和利用

蛋壳制品可广泛应用于食品、饲料等工业中。

1. 蛋壳粉的加工

（1）加工的方法 将洗净的蛋壳摊在干净的水泥地上，厚度不超过 5 厘米，可利用强烈的日光暴晒干，并经常翻动，待水分继续蒸发，直到蛋壳松脆，用手能捏碎为准；或将有烘房设备内烘干，温度约为 80℃ 左右，随时通风排潮，一般需要 2~3 小时，烘干后粉碎。

（2）用途 用 30 目筛子过筛，作肥料或畜禽饲料的钙添加剂；用 120 目筛子过筛后，在工业上可代替碳酸钙作合成橡胶的原料或可作为活性碳；在搪瓷工业中可作为黏膜剂；与一些碱混合（5∶1）可制作去污粉；在食品工业中，可作为婴幼儿代乳粉钙质添加剂。

2. 蛋壳提取溶菌酶

（1）加工方法

① 过滤蛋壳（包括新鲜的冻蛋清及蛋壳膜）。粉末中加入 1.5 倍 0.5% 氯化钠溶液，用 2 摩尔盐酸调至 pH 值 3.0，在 40℃ 时搅拌提取 1 小时后用纱布过滤。滤渣再如上提取 2~3 次，合并滤液。

② 沉淀。将滤液用 2 摩尔盐酸调至 pH 值 3.0，于沸水锅中水浴，迅速升温至 80℃，随即搅拌冷却，再用醋酸调至 pH 值 4.6，

促使卵蛋白在等电点沉淀。

③ 凝聚清液。用氢氧化钠溶液调至 pH 值 6.0，加入清液体积 1/2 的聚丙烯酸（5%），搅拌均匀后静置 30 分钟，倾去上层浑浊液，得到黏附于瓶底的溶菌酶，即聚丙烯酸凝聚物。

④ 解离。凝聚物悬于水中，加氢氧化钠调 pH 值至 9.5，使凝聚物溶解，再加丙烯酸，加入用量 1/25 的 50% 氯化钙溶液，使溶菌酶解离，用 2 摩尔盐酸调至 pH 值 6.0，离心分离上清液。沉淀可用硫酸处理后去除硫酸钙沉淀，回收聚丙烯酸。

⑤ 结晶。往清液中慢慢加入 1 摩尔氢氧化钠溶液，同时不断搅拌，是 pH 值上升到 8.0~9.0，如有白色沉淀，即离心除去，在离心液中加入 3 摩尔盐酸调至 pH 值 3.5，边搅拌边缓慢加入 5% 氯化钠，在约 5℃ 的温度下静置 48~60 小时，离心沉淀收集溶菌酶沉淀（粗结晶）。

⑥ 精制。上述沉淀于 pH 值 4.6 醋酸溶液中，分离去除不溶物，然后进行再结晶，次结晶中加入 10 倍量的 0℃ 的丙酮脱水，在五氧化二磷真空干燥器中干燥，即得溶菌酶。每千克蛋壳膜可获得再结晶溶菌酶近 1 克。

（2）用途　溶菌酶对革兰式阳性细菌有抗菌作用，对某些病菌也有杀灭效果，应用于治疗急性鼻炎、婴儿哮喘、气管炎、口腔炎、中耳炎等。各地生化制药厂、生化研究所、食品研究所均收购，是一种脱贫致富的好项目。

参考文献

---

［1］ 丁伯良．2000.特种禽类养殖技术手册［M］．北京：中国农业出版社.

［2］ 高文玉．2008.经济动物学［M］．北京：中国科学技术出版社.

［3］ 龚泉福．2001.鸵鸟·黑凤鸡·贵妇鸡·丝光鸡［M］．上海：上海科学技术文献出版社.

［4］ 郭强．1999.鸡的孵化技术及初生雏鸡雌雄鉴别［M］．北京：中国农业出版社.

［5］ 郝正里．2004.畜禽营养与标准化饲养［M］．北京：金盾出版社.

［6］ 李昂．2011.珍禽健康养殖技术［M］．福州：福建科学技术出版社.

［7］ 李长卿．1993.经济动物疾病诊疗大全［M］．兰州：甘肃民族出版社.

［8］ 李忠宽．2001.特种经济动物养殖大全［M］．北京：中国农业出版社.

［9］ 李英．2000.鸡的营养与饲料配方［M］．北京：中国农业出版社.

［10］ 骆玉宾，唐式法．2002.鸡病防治手册［M］．北京：科学技术文献出版社.

［11］ 孙占鹏．2000.特种经济动物生产学［M］．北京：中国林业出版社.

［12］ 王春林，徐永根．1994.珍禽饲养手册［M］．上海：上海科

学技术文献出版社.

[13] 王峰,程世鹏,葛明玉.2000.珍禽养殖与疾病防治［M］. 北京:中国农业大学出版社.

[14] 王峰,程世鹏.1998.珍禽饲养技术［M］.沈阳:辽宁科学 技术出版社.

[15] 席克奇,张彦彬,孙守君.2000.鸡配合饲料［M］.北京: 科学技术文献出版社.

[16] 熊家军,刘兴斌.2008.特种经济动物饲养与产品加工［M］. 北京:中国农业出版社.

[17] 杨风.1999.动物营养学［M］.北京:中国农业出版社.

[18] 杨桂芹.2006.经济动物养殖技术［M］.北京:中国林业出 版社.

[19] 杨宁主编.2002.家禽生产学［M］.北京:中国农业出版社.

[20] 袁施彬.2013.特种珍禽养殖［M］.北京:化学工业出版社.

[21] 叶俊华.2002.繁育技术大全［M］.沈阳:辽宁科学技术出 版社.

[22] 赵万里.1993.特种经济禽类生产［M］.北京:中国农业出 版社.

[23] 张宏福,张子仪.1998.动物营养参数与饲养标准［M］.北 京:中国农业出版社.

[24] 张孝和.1998.特禽孵化与早期雌雄鉴别［M］.北京:科学 技术文献出版社.

[25] 张秀美.2002.禽病诊治实用技术［M］.济南:山东科学技 术出版社.

[26] 张振兴.2001.家禽饲养与疾病防治［M］.北京:中国农业 出版社.

[27] 周铁茅,张化贤.1999.特禽高效饲养法［M］.北京:中国 农业出版社.

[28] 朱宇轩.2005.种鸡饲养新技术［M］.杨凌:西北农林科技 大学出版社.